**Bibliografische Information der Deutschen Nationalbibliothek:**

Die Deutsche Bibliothek verzeichnet diese Publikation in der Deutschen Nationalbibliografie; detaillierte bibliografische Daten sind im Internet über http://dnb.d-nb.de/ abrufbar.



**Impressum:**


Druck und Bindung: Books on Demand GmbH, Norderstedt Germany
ISBN: 9783640623396

**Dieses Buch bei GRIN:**

http://www.grin.com/de/e-book/150418/ein-vergleich-ausgewaehlter-bodenprofile-skandinavischer-standorte

**Sebastian Löppmann**

# Ein Vergleich ausgewählter Bodenprofile skandinavischer Standorte

GRIN Verlag

# Ein Vergleich ausgewählter Bodenprofile skandinavischer Standorte

# Ein Vergleich ausgewählter Bodenprofile skandinavischer Standorte

**Abstract**

Four soil profiles from coast areas in Scandinavia were examined. Three of them developed under forests and one soil under grass habitat. The parent material of positions under wood is a deposit of granite, and acidic gneiss. From the coarse-grained, highly skeletal parent material very acid, sandy, shallow soils develop. The occurrence of organic matter accumulation and decomposition at the surface, together with translocation of organic material, iron and aluminium in both organically bound and inorganic forms indicate the operation of podzolation. High organic matter accumulation and forest litter demonstrate harmed chemical alteration and clay mineral regeneration.

In case of microclimatic favour positions the cambisol develop could be possible on solifluated parent material. However, the fluvisol is generated on marine sediments. All soils are aged between 6000-10000 years (ELLIS & MATHEWS 1984, MELLOR 1987). The nemo- to south-boreal climate indicates a high intersection of annual precipitation, especially at the west coast of Norway. The high acidification in soils under forests takes influence in functions of soil buffering. This process involves a change of naturally soil functions. The resulting ecological problems are already known from the north boreal region which is even more affected (BÉRDEN et al. 1987, HAUHS & WRIGHT 1990, VENZKE 1990).

## 1. Einleitung

### 1.1 Problemstellung und Motivation

Die Erhaltung natürlicher Lebensräume mit einem spezifischen Wirkungsgefüge von Boden, Vegetation, Tierwelt, Wasser, Luft und Temperatur ist erstrebenswert. Das gilt auch für eine eventuelle Beeinflussung durch den Menschen. Böden sind damit selbstverständlich vor Zerstörung oder anthropogener Veränderung zu bewahrende Schutzgüter. Der konventionelle Naturschutz neigt dazu, Fauna und Flora als primäre Schutzgüter zu betrachten und die anderen Standortfaktoren als gegeben anzusehen. Besonders Böden werden daher oft nur oberflächig, manchmal sogar oberflächlich betrachtet. Dabei beinhaltet jeder Standort eine Entwicklungsgeschichte, die sich im Bodenprofil und den ausgebildeten Horizonten manifestiert.

Im Rahmen dieser Arbeit soll eine vergleichende Analyse von Bodenprofilen in Skandinavien neue Erkenntnisse über den Zustand der Böden im nordeuropäischen Raum bringen. Die Böden wurden während einer Exkursion nach Skandinavien im Sommer 2008 beprobt und anschließend im Bodenlabor des Departments für Geographie der LMU München analysiert.

Obwohl die ökologische Erforschung Skandinaviens auf eine reiche Tradition zurückblickt gibt es nur wenige wissenschaftliche Arbeiten, die vergleichbare Standorte untersuchten. Die vorliegende Arbeit soll folgende Fragen beantworten:

- Welche Böden bilden sich unterhalb der natürlichen Waldgrenze an küstennahen Standorten, und welches sind ihre physikalischen und chemischen Eigenschaften?

- Wie und in welchem Maße beeinflussen die Standortfaktoren die Bodenbildung?

Zur Beantwortung dieser Fragen wurden vier Bodenprofile küstennaher skandinavischer Standorte untersucht.

## 1.2 Stand der Forschung

In Skandinavien wurde relativ spät mit der Kartierung von Böden begonnen: Erst 1991 entwarf RASMUSSEN eine Bodenkarte der Länder Norwegen, Schweden und Dänemark im Maßstab 1:2000000. Ihre Legende entspricht der FAO-UNESCO-Klassifikation. Das European Digital Archive of Soil Maps (EuDASM) verwaltet die Bodenkarten Skandinaviens. Leider konnte in dieser Arbeit nicht auf diese Karte zurückgegriffen werden. Allerdings finden sich im Anhang Bodenkarten von Schweden und Norwegen. Die moderne Bodenbeobachtung mit Bodeninformationssystemen findet dort genauso Anwendung wie auch in Deutschland. Aber auch die Modellierung von aussagekräftigen Zukunftsszenarien ist gängige Praxis. Der aktuelle Stand der Forschung lässt indes einen eindeutigen Trend erkennen – wieder hin zu einer Forschung, der die Erhebung von Primärdaten im Gelände vorausgeht.

## 1.3 Überblick: Physiogeographie Skandinaviens

Schweden liegt mit Norwegen, Finnland, Island und Dänemark in Nordeuropa. Zusammen mit dem westlich angrenzenden Norwegen bildet Schweden das eigentliche Skandinavien. Schweden nimmt dabei den östlichen Teil der skandinavischen Halbinsel ein und erstreckt sich bis zu 400 km Breite und einer Länge von über 1577 km von Norden nach Süden. Schweden wird in drei Landesteile gegliedert, Götaland, Svealand und Norrland (von Süd nach Nord). Diese Einteilung ist sehr gebräuchlich, auch wenn sie nicht völlig mit der geographischen Gliederung in Süd-, Mittel- und Nord-Schweden übereinstimmt. Die Küstenlinie besitzt eine Länge 7600 km und die angrenzenden Meere sind die Ostsee und der Botnische Meerbusen. Dorthin fließen auch die zahlreichen Flüsse, die dem nordwestlichen Gebirge entspringen. Ein Teil des Massivs zählt zu der Ostabdachung des kaledonischen Gebirgszuges der Skanden (GLÄßER 2003).

Schweden liegt zwischen dem maritim geprägten Atlantikbereich und dem Kontinentalklima der osteuropäischen Inlandsebenen. Während östliche Hochs stabiles, trockenes Wetter mit sehr angenehmen Temperaturen im Sommer und frostige Kälteperioden im Winter bewirken, sorgen atlantische Luftmassen für Niederschlag und Wind. Die damit einhergehende Beeinflussung des Wettergeschehens führt zu einem verhältnismäßig milden Klima in weiten Teilen Skandinaviens. Da Intensität und Dauer der Sonnenstrahlung nach Norden hin abnehmen, ist ein deutliches winterliches Temperaturgefälle im Bereich der Ostsee festzustellen. Die jährliche Temperaturspanne zeigt Schwankungen zwischen 27° C im hohen Norden und 17°C im Süden des Landes. Das ist dennoch relativ gering, vergleicht man die Werte mit denen in Gebieten gleicher geographischer Breiten: So betragen die Temperaturunterschiede in Sibirien oder Kanada ca. 40-60°. Die erreichten Höchstwerte - mit ca. 700 mm Niederschlag und im Fjellbereich mit etwa 1000 mm Niederschlag - nehmen nach Osten hin ab und verdeutlichen den Einfluss des maritim geprägten Westteils (WALTER & BRECKLE 1986).

Die Klimadiagramme[1] belegen einen deutlichen Anstieg der Niederschlags- und Temperaturwerte vom im Norden gelegenen Karesuando bis hin nach Göteborg im Südwesten des Landes. Die höchsten Niederschlagswerte verzeichnet Göteborg zwischen September und November. Im Gegensatz dazu haben die Städte Karesuando, Östersund und Stockholm mit bis zu 80 mm Niederschlag im Juli den Höhepunkt im Jahresverlauf erreicht. Die deutliche Nähe zum Meer macht sich vor allem in Göteborg bemerkbar, das mit 791 mm Niederschlag deutlich mehr Niederschläge aufweist, als beispielsweise Stockholm mit 562 mm Insgesamt lässt sich anhand der erwähnten Klimadiagramme für alle ausgewählte schwedischen Städte ein humides Klima feststellen.

[1] Siehe Anhang S. 42: Weitere Klimadiagramme Skandinaviens

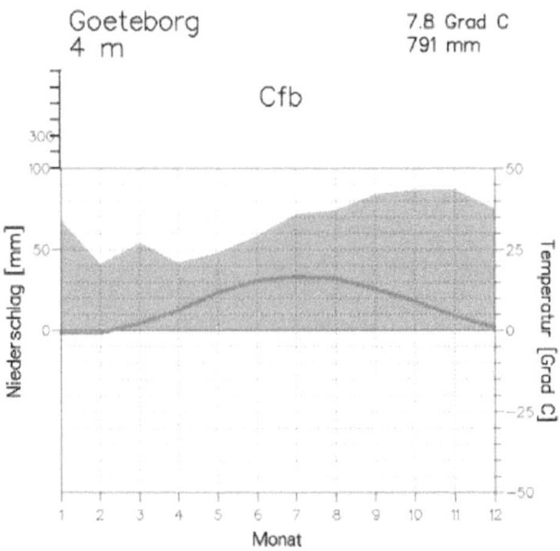


Abb. 1: Walter Lieth Klimadiagramm der Messstation Göteborg

Im südlichen Lund liegt durchschnittlich an 50 Tagen eine geschlossene Schneedecke. In Stockholm sind es durchschnittlich 100 Tage, in Östersund 180 und im nördlichen Riksgränsen 255 Tage mit geschlossener Schneedecke (GLÄßER 2003).

Norwegen wird in fünf Regionen unterteilt: Vestlandet (Westland), Østlandet (Ostland), Trøndelag (Region Trondheim), Nord Norge (Nordnorwegen/Finnmark) und Sørlandet (Südland). Vestlandet und Østlandet werden durch Gipfel und Hochebenen oberhalb der Waldgrenze von einander getrennt. Die Fjell-Landschaft wurde während des Pleistozäns von Gletschern überformt. Die größten Höhen werden mit dem Glittertind (2472 m) und dem Galdhöpiggen (2469 m) im Gebirgsmassiv Jotunheimen erreicht. Während der quartären Eiszeiten schnitten sich die Gletscher tief in frühere Flusstäler ein und formten die Fjordlandschaft. Der Sognefjord ist mit einer Länge von 204 km der längste Fjord Skandinaviens. Die Mehrzahl der Bevölkerung von Vestlandet lebt in den tiefer gelegenen Teilen, der Südküste des Boknafjords oder des Hardangerfjords. Diese Gebiete werden auch landwirtschaftlich intensiv genutzt, wobei sich die ertragreichsten Gegenden für die Landwirtschaft rund um den Oslofjord finden. Das Sørlandet umfasst die südlichste Spitze Norwegens mit der Stadt Kristiansand als Zentrum. Auf den vorgelagerten Inseln und in den Tieflandgebieten herrscht überwiegend maritimes Klima. Norwegens Westküste hat für diese nördliche Breite ein ausgesprochen mildes und feuchtes Klima. Grund dafür ist der Golfstrom, der relativ warmes Wasser aus niederen Breiten bis weit nach Norden strömen lässt. Die Küste bleibt deshalb auch den gesamten Winter über weitgehend eisfrei, und die mildernde Wirkung des Meeres ist, bedingt durch auflandige Winde, auch in den Lufttemperaturen (ca. -5° C bis +2° C) zu spüren. Die vom Meer aufgenommene Feuchtigkeit regnet an der Westseite der Gebirge ab. So zählt die Stadt Bergen zu den regenreichsten Städten in Europa (GLÄßER 2003).

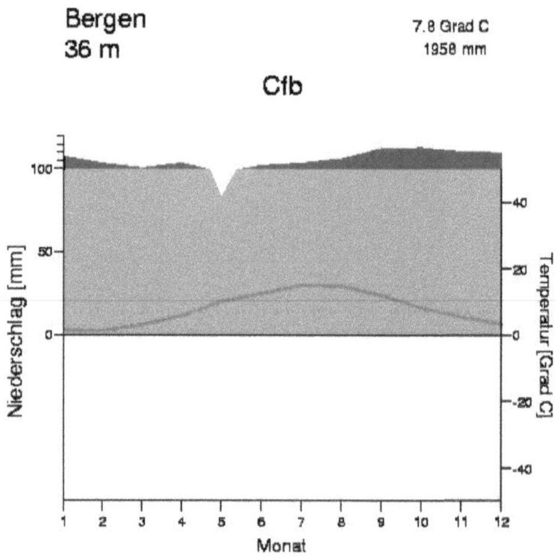


Abb. 2: Walter Lieth Klimadiagramm der Messstation Bergen

Dänemark kann in weiten Teilen in das gemäßigte See- und Küstenklima eingeordnet werden. Diese Klassifikation begründet sich durch eher kühle bis mäßig warme Sommer sowie relativ milde Winter. Der jährliche, durchschnittliche Niederschlag ist trotz der Lage zwischen zwei Meeren relativ gering. Im Sommer liegen die Tagestemperaturen durchschnittlich zwischen 18° und 25° C. Dänische Winter zeichnen sich vor allem durch viel Regen und Frost aus. Jedoch profitiert das Land vom Ableger des Golfstroms, dem Nordatlantikstrom.

Am Ende der letzten Eiszeit schmolzen die Eismassen in Skandinavien ab. Die darunter liegende Erdkruste wurde vom Gewicht des Eises befreit und begann sich zu heben. Dadurch taucht nach und nach Land aus dem Meer auf, auf dem die Bodenbildung einsetzt, sobald es trocken fällt. Die Böden an den skandinavischen Küsten werden daher mit zunehmender Höhe über dem Meer älter, sodass man dort die Bodenentwicklung mit zunehmendem Alter der Böden untersuchen kann. Die postglazialen Böden sind höchstens 10000 Jahre alt und entstehen entweder aus Moränen- oder Schmelzwasserablagerungen, aus See- oder Meeressedimenten oder aus Mooren (ANDERSON 1980, WALTER & BRECKLE 1986).

Die Vegetation einer Landschaft ergibt sich nicht rein zufällig, als Reaktion auf einzelne, regional unterschiedliche Umweltbedingungen. Vielmehr stehen Pflanzenarten neben innerartlichen Regulationen wie zum Beispiel Konkurrenz um einen Standort in einer Lebensgemeinschaft. Diese werden sowohl von biotischen (Konkurrenz um Ressourcen) als auch durch abiotische, exogene Faktoren (Klima, Bodeneigenschaften) beeinflusst. Diese Faktorenkomplexe sind nicht linear, sondern additiv, also sich gegenseitig abschwächend oder verstärkend. Des Weiteren sind sie auf verschiedenen Ebenen wirksam: beispielsweise funktional an der Zellwand oder -membran oder konditionell, indem sie die Entwicklungsmöglichkeiten und den Entwicklungsraum von Arten festlegen. Weitere determinierende Faktoren zur Verbreitung der Vegetation sind die Nährstoffverhältnisse der Ausgangssubstrate, die holozäne Entwicklung der Ökosysteme und anthropogene Einflüsse sowohl in der Vergangenheit als auch in der Gegenwart (VENZKE 1990, DIERßEN 1996).

Als Folge vergangener Eiszeiten gibt es in Schweden eine Artenarmut, da Flora und Fauna weitgehend zerstört wurden. Schweden ist zu 55 % von Wald bedeckt. Der Holzbestand setzt sich zu 46 % aus Fichten, 38 % aus Kiefern, 11 % Birken und 5 % Laubbäumen zusammen. In Norwegen beträgt die Waldbedeckung 26 % (GLÄßER 2003). Vergleicht man die nemorale mit der hemiborealen Vegetationszone, so ändert sich hier die Zusammensetzung der Waldgesellschaften eindeutig. Koniferen wie zum Beispiel Fichte und Kiefer werden zu den dominierenden Gehölzarten. Laubbäume wie beispielsweise die Buche oder die Hainbuche wachsen nur noch in kleinen westlichen Ausschnitten der hemiborealen Zone. Diese Waldgesellschaften reichen bis zu 200 m über den Meeresspiegel. Die hemiboreale Zone in Skandinavien erstreckt sich von Südnorwegen über Teile Südschwedens und den südlichen Teil Finnlands. An edaphisch und mesoklimatisch begünstigten Standorten treten in der südlich borealen Zone weiterhin Laubhölzer wie beispielsweise die Bergulme oder der Spitzahorn auf. Grünlandbewirtschaftung und Getreideanbau sind in dieser Vegetationszone noch möglich (DIERßEN 1996 nach KULLMANN 1977, 1980).

In Norwegen schwankt die Höhenstufengrenze der südborealen Zone von 100 m in küstennahen Lagen bis zu 300 m über NN im küstenfernen Bergland. Einige typische Waldgesellschaften sind: Boreale Birken- und Nadelwälder und Zwergstrauchgebüsche der unteren alpinen Stufe und der südlichen Arktis, Kiefern- und Birkenwälder sowie Zwergstrauchheiden magerer Standorte, Gabelzahnmoos-Kiefernwälder, Heidelbeer-Kiefern- und Birkenwälder und Heidelbeer-Zwergstrauchheiden und Fichtenwälder nährstoffreicherer Böden (DIERßEN 1996).

Ein entscheidender Faktor für die Qualität eines land- und forstwirtschaftlichen Standorts ist der Boden. Dessen Qualität wird wiederum vor allem vom Ausgangsgestein geprägt. Die aktuelle Morphodynamik der Borealis spielt sich im Wesentlichen auf einem Relief ab, das in seiner Makroformung weitgehend auf das Tertiär und Altpleistozän zurückgeht und in weiten Bereichen durch die mittel- und jungpleistozänen Vereisungen eine Überformung sowie die Ablagerung von glaziären und glazi-fluvialen Substraten geprägt ist. In den vormals nicht vergletscherten Gebieten bilden meist periglaziäre und fluviale Substrate den oberflächennahen Untergrund. Lediglich in den ausgedehnten Moorarealen liegen holozäne bis rezente, organogene Sedimente vor (VENZKE 1990, WALTER & BRECKLE 1986). Im ehemals periglazialen Mitteleuropa handelt es sich dabei zum größten Teil um Löss und Schuttdecken, zum geringeren Teil um Flugsande und Schotter. Erwähnenswert ist dabei der Löss als Ausgangsmaterial der besten Böden Mitteleuropas, wie den Parabraunerden und den Schwarzerden. Weniger bekannt ist die Bedeutung des Solifluktionsschutts. „Ohne ihn wäre die holozäne Bodenentwicklung im Allgemeinen auf den Festgesteinen wohl kaum über das Rankerstadium hinausgekommen“ (VENZKE 1990 S.33f).

### 1.3.1 Standorte

Die geographische Lage der beprobten Standorte bewegt sich zwischen 56-61°N und 7-12°E. Alle vier Bodenprofile sind nahe an Küsten oder Fjorden gelegen. Der Abstand des ersten Bodenprofils beträgt knapp 300 m Luftlinie zum Sognefjord. Das zweite Profil ist in etwa 1 km von der südwestschwedischen Küste entfernt. Am Sognefjord findet sich der nördlichste der Standorte, während Halmstad in Südwestschweden den südlichsten Standort markiert. Die unmittelbar an der Küste gelegenen Standorte befinden sich in Norddänemark und am Südkapp in Norwegen. Die geographischen Höhen der Bodenprofile reichen von 7-79 m über dem Meeresspiegel.

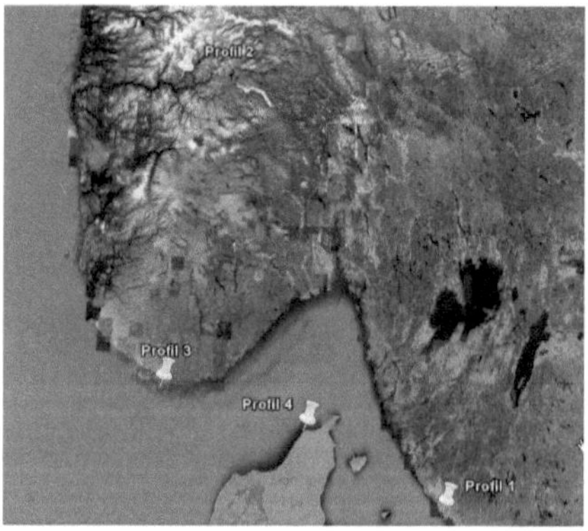


Gliederung der Standorte[2]:

Profil 1: Halmstad, Südwestschweden
Profil 2: Sognefjord, Norwegen
Profil 3: Südkapp, Norwegen
Profil 4: Hirtshals, Norddänemark

Abb. 3: Übersicht der Standorte

[2] Profilkenndaten im Anhang S. 43-46

# 2. Untersuchungsmethoden

Die bei den Geländearbeiten und Laboranalysen durchgeführten Untersuchungen werden hinsichtlich ihrer Methodik zunächst kurz erläutert.

## 2.1 Geländearbeit

Neben einer einfachen Vermessung des Geländes und einer groben Vegetationsbestimmung erfolgte die Aufnahme und Dokumentation der Profile über Skizzen und Photos. Die Bodenansprache wurde gemäß der Bodenkundlichen Kartieranleitung (AG BODEN, 1994) und der MUNSELL SOIL COLOR CHARTS (1994) vorgenommen.

Die Probenentnahme für die Laboranalysen erfolgte horizontweise als Mischprobe des gesamten Horizontes; an wichtigen Profilen wurden die Horizonte auch mehrfach beprobt. Ein Kalk-Schnelltest wurde an allen Horizonten mit verdünnter Salzsäure durchgeführt. Des Weiteren erfolgte eine Erfassung der Untersuchungsgebiete mit den zur Verfügung stehenden Mitteln (Kompass, Maßband, Neigungsmesser, Höhenmesser und GPS). Die Koordinaten und Höhen der Profile wurden mit einem GPS-Gerät ermittelt.

## 2.2 Bodenchemische, -physikalische Analysen

Sämtliche Proben wurden zunächst luftgetrocknet und anschließend mit einem 2 mm-Sieb in Fein- und Grobboden geteilt. Die Verteilung des Skeletts wurde wegen fehlender Transport- und Analysemöglichkeit bereits an den Profilen vor Ort ermittelt. Alle nachfolgend beschriebenen Untersuchungen wurden an lufttrockenen Proben des Feinbodens im Labor des Departments für Geographie in München durchgeführt.

### 2.2.1 Korngrößenanalyse und Korngrößenparameter

Die Bestimmung der Korngrößen erfolgte durch eine Kombination von Nass-Siebung und Sedimentationsverfahren nach KÖHN (DIN 19683/2). Als Dispergierungsmittel diente Ammoniak. Das Probenmaterial wurde 24 Stunden vor der Analyse damit versetzt und während der letzten beiden Stunden in einen Überkopfschüttler gegeben. Nach der Schlämmung von Ton und Schluff wurden die Sandfraktionen in folgenden Größen abgesiebt: 0.06-0.1; 0.1-0.2; 0.2-0.315; 0.315-0.63; 0.63-1.0; 1.0-2.0 mm. Diese sechs Kornfraktionen beinhalten die jeweilige

Halbierung der klassischen Feinsand-, Mittelsand- und Grobsandfraktionen für eine genauere statistische Auswertung.

Für die nachfolgenden Darstellungen wurden sie zusammengerechnet und rechts neben der Profilzeichnung in Form von Balkendiagrammen in den Fraktionen Ton (T), Feinschluff (fU), Mittelschluff (mU), Grobschluff (gU), Feinsand (fS), Mittelsand (mS) und Grobsand (gS) angegeben.

### 2.2.2 pH-Wert

Die potentiometrische Ermittlung des pH-Wertes erfolgte nach SCHLICHTING, BLUME & STAHR (1995). Entsprechend des angegebenen Verfahrens wurden die Proben mit Kalziumchloridlösung (0.01 M) versetzt und in Suspension (1:2.5) gebracht. Die Messung erfolgte mit einem pH-Meter der Firma KNICK (Typ: 766 Calimatic).

### 2.2.3 Organischer Kohlenstoff und Stickstoff

Das Probenmaterial wurde gemahlen und 24 Stunden vor der Messung im Exikator aufbewahrt. Beide Parameter wurden mit dem C/N-Analysator CNS-2000 der Firma LECO ermittelt. Die Analyse des organischen Kohlenstoffs erfolgte nach dem Prinzip der IR-Spektrometrie, die Analyse des Stickstoffs mittels Wärmeleitfähigkeitsmessung.

### 2.2.4 Dithionit- und oxalatlösliches Eisen

Das dithionitlösliche Eisen (Fed) wurde mit Natriumzitratlösung, Natriumhydrogencarbonatlösung und Natriumdithionit extrahiert (SCHLICHTING & BLUME 1966). Die Anfärbung für eine photometrische Bestimmung erfolgte mit Hydroxylaminhydrochlorid, Ammoniumacetat und Phenanthrolin (TGL 25418/20 1973). Anschließend erfolgte die Messung mit dem Spektrometer S 250 der Firma SECOMAM. Beim oxalatlöslichen Eisen (Feo) erfolgte die Extraktion mit Ammoniumoxalat und Oxalsäure, die Anfärbung und Messung wie vorangehend beschrieben. Das Verhältnis von oxalat- und dithionitlöslichem Eisen (Feo/Fed) ergibt den Aktivitätsgrad des freien Eisens nach SCHWERTMANN (1959).

### 2.2.5 Kationenaustauschkapazität

Die Bestimmung von Kationenaustauschkapazität (KAK) und Basensättigung (BS) erfolgte nach einem durch KAPPEN eingeführten Schnellverfahren (BARSCH, BILLWITZ & SCHOLZ 1984). Zur Bestimmung der hydrolytischen Acidität (H-Wert) wurde das Probenmaterial in 1 N Calciumacetat gelöst. Nach 72 Stunden erfolgte die Filtrierung und Titration gegen 0.1 N Natronlauge mit Phenolphtalein. Für die Bestimmung der austauschbaren basischen Kationen (S-Wert) wurden die Proben mit verdünnter Salzsäure für zwei Stunden in den Überkopfschüttler gegeben und anschließend filtriert. Das Filtrat wurde gegen 0.1 N Natronlauge mit Tashiro-Indikator titriert. Die Berechnung von Kationenaustauschkapazität und Basensättigung ergibt sich aus folgender Rechnung:

H-Wert + S-Wert = Kationenaustauschkapazität (KAK)
S-Wert / KAK x 100 = Basensättigung (BS)

### 2.2.6 Chloridtest

Das im Boden in gebundener vorkommende Chlorid ist ein Indikator für die Pflanzengesundheit und Bodenfruchtbarkeit. Zu hohe Salzkonzentrationen im Boden hemmen die Wasseraufnahme der Pflanzen. Das sich anlagernde Chlorid verdrängt Calcium-, Magnesium-, und Kaliumionen von den Bodenteilchen, so dass sie einer stärkeren Auswaschung unterliegen. Die suspendierte Bodenlösung wird zentrifugiert und anschließend dekantiert. Anschließend erfolgte die Messung mit dem Spektrometer S 250 der Firma SECOMAM, mit Hilfe von Küvetten (Testspanne 1-1000 mg/L) des Chloridtest LCK 311 der Firma HACH & LANGE GmbH.

### 2.2.7 Messung der elektrischen Leitfähigkeit

Da verschiedene lonenarten unterschiedlich zur Leitfähigkeit beitragen, ist es nicht möglich, aus den Leitfähigkeiten absolute Ionenkonzentrationen zu errechnen. Man vergleicht daher die Leitfähigkeit einer zu untersuchenden Lösung mit derjenigen von Eichlösungen bestimmter KCl-Konzentration und bestimmt so die Elektrolytkonzentration als KCl-Äquivalent.

Gemessen wird der Widerstand der Bodenlösung mit einem Elektrodenpaar aus Platin und einer Widerstandsmessbrücke. Die erhaltenen spezifischen Leitfähigkeitswerte in S $cm^{-1}$ (S = Siemens = 1 $Ohm^{-1}$) werden mittels einer Kalibrierkurve in Elektrolyt-Konzentrationen umgeformt. Die Auswertung erfolgt mit einer Tabellenkalkulationssoftware (MS-Excel, OpenOffice,...).

# 3. Ergebnisse der Feldbodenkunde

Die naturräumliche Ausstattung Nordeuropas, insbesondere die Verbreitung der Vegetation und der Böden sowie deren ökologische Interaktion im Raum, wird durch folgende Faktoren bestimmt: durch klimatische Bedingungen und die zum Teil davon abhängigen, regional differenzierten Bodenwasserhaushalte, durch die Nährstoffverhältnisse der verwitternden Ausgangssubstrate, die holozäne Entwicklung der landschaftlichen Ökosysteme und durch die Aktivitäten des Menschen – in der Vergangenheit und heute .

## 3.1 Standortfaktoren

Profil 1: Das Ausgangsmaterial besteht aus sandigem, skelettarmen und saurem Schuttmaterial von Graniten und Gneisen. Der durch das Wasser akkumulierte, später dann durch äolische Prozesse weitergetragene Sand trägt wesentlich zur Genese der Podsole bei. Die wasserdurchlässigen Sande sind durch hohe Quarzgehalte gekennzeichnet. Im FAO-System spricht man von „Podzolen“. Die Mehrzahl der in Skandinavien durchgeführten Studien belegt, dass es zwischen 500 und 1500 Jahren dauert, bis eine Podsole voll ausgebildet ist (MELLOR 1987, nach JENNY 1941, ELLIS & MATTEWS 1984). Die Profilmächtigkeit beträgt 40 cm in einer Höhe von 8 m über dem Meeresspiegel.

| Beprobte Horizontfolge (in cm) | Profil 1: Halmstad, Südwest-Schweden |
|---|---|
| Ah (0-7) | Stark durchwurzelt, 2 cm Nadelstreuauflage, Moosschicht, hoher Humusanteil, stark lehmiger Sand |
| E (7-20) | Durchwurzelt, vereinzelte Steine, Bleichung, lehmiger Sand |
| Bh (>20) | Quarzreicher Sand, Reinsand |

Tab. 1: Profil 1: Horizontbezogene Kenndaten

Abb. 4: Podsole auf lehmigen Sand, unter Kiefernwald nahe der Südwestschwedischen Küste (Quelle: Eigene Aufnahme)

Profil 2: Sogndal liegt direkt am Fuße des Jostedalsbreen nördlich des Sognefjords. Der Jostedalsbreen ist in Nord-Süd-Richtung etwa 100 km lang und in der Ost-West-Richtung etwa 15 km breit. Die Eisschicht ist bis 500 m dick. Der Jostedalsbreen ist kein Überrest der letzten Eiszeit, sondern er entstand erst später, als ab ca. 500 v. Chr. eine Klimaverschlechterung einsetzte. Durch die Abkühlung konnten sich in der Region Gletscher bilden. Um 1750 war das Klima am kühlsten, und die Gletscher Norwegens hatten ihre größte Ausdehnung. Seitdem sind sie tendenziell geschrumpft. Die neoglazialen Moränen finden sich am Der Jostedalsbreen ist kein Überrest der letzten Eiszeit, sondern er entstand erst später, im Zuge einer Klimaverschlechterung, die ab ca. 500 v. Chr. einsetzte. Diese jungen Moränen wurden von MATTEWS (1982) mit Hilfe von Radiocarbonanalysen auf die Mitte des 18. Jahrhundert datiert.

Als Vergleich für Profil 2 kann die Studie von MELLOR (1987) dienen, welche sich mit Bodenzeitreihen in dem Gletschergebiet und der umgebenden Landschaft wie zum Beispiel am Austerdalsbreen, einem Seitenarm des Sognefjords, beschäftigt. Allerdings besteht ein Höhenunterschied, da die beprobte Braunerde in einer Höhe von 33 m und die Böden in der vergleichbaren Studie in einer Höhe von mindestens 400 m über dem Meeresspiegel liegen. Hier bildet der Gneis, der während der Weichseleiszeit den Einwirkungen des Gletschers ausgesetzt war, das skeletthaltige Ausgangsmaterial der Braunerde. Die bei der Enstehung der sauren Braunerde beteiligten Fliesserden sind periglazialer Herkunft. Unter der 60 cm tiefen Solifluktionsdecke findet sich das Lockergestein. Die Körnung der Braunerden umfasst Sand, Schluff und Lehm. Dementsprechend variieren auch die Gehalte an organischer Substanz und an Nährstoffen sowie das Gefüge. Im FAO-System wird die Braunerde als „Cambisol" klassifiziert. Sie entwickelte sich an einem Hang mit etwa 10 % Neigung. Der nach Osten gerichtete Hang mit seinem dichten Mischwald zeigte deutliche Anzeichen von anthropogenem Einfluss (Umzäunung, Schnitte).

| Beprobte Horizontfolge (in cm) | Profil 2: Braunerde, Sognefjord, Norwegen |
|---|---|
| Ah (0-15) | Skelettfrei, stark durchwurzelt, Moosschicht, vereinzelte Gräser |
| Bv (oben: 15-30) | Mittel bis schwach durchwurzelt, bis zu 10 cm große Steine, schluffiger Sand |
| Bv (unten: 30-40) | Feinsandig-schluffig, schwach durchwurzelt |

Tab. 2: Profil 2: Horizontbezogene Kenndaten

Abb. 5: Sauerbraunerde auf Geschiebedecksand, unter Buchen- Kiefernwald am Sognefjord
(Quelle: Eigene Aufnahme)

Profil 3: Magmatisches Tiefengestein wie Granit, der aus Feldspat, Quarz und Glimmer besteht, bestimmen das Ausgangsgestein. Darüber hinaus finden sich Ablagerungen von metamorphen Gneisen. Aus dem Festgestein entwickelte sich ein Ranker. Nach KUBIENA (1953) leitet es sich von dem Wort Rank (österr. = Berghalde, Steilhang) ab, wird aber heute entsprechend dem FAO-System nur noch für Böden aus Festgestein benutzt.
Die Bezeichnung Leptosols entspricht der Klassifizierung des WRB-Systems (SCHEFFER & SCHACHTSCHABEL 2002).
Der Ranker befindet sich in südwest-exponierter Lage an einem Hang. Die Neigung wird auf 20 % geschätzt. Die Entwicklung des Bodens wird durch das umliegende Festgestein geschützt, wobei sich der Boden in Fugen, Spalten und Einebnungen im Festgestein ausprägte. Die Profilmächtigkeit beträgt 40 cm in einer Höhe von 19 m über dem Meeresspiegel.

| Beprobte Horizontfolge (in cm) | Profil 3: Ranker, Südkapp, Norwegen |
|---|---|
| Ah (0-8) | Nadelstreu, hoher Humusanteil, stark durchwurzelt |
| Ah-Bv (8-30) | Große Steine bis zu 6 cm, viele Bodenwühler |
| C (30-40) | Granitisches Festgestein |

Tab. 3: Profil 3: Horizontbezogene Kenndaten

Abb. 6: Ranker auf gelockertem Festgestein in Hanglage unter Koniferen und vereinzeltem Laubbaumbestand am Südkapp

(Quelle: Eigene Aufnahme)

Profil 4: Mit der so genannten Littorina-Transgression, einer durch den weltweiten Meeresspiegelanstieg ausgelösten Überflutung weiter Festlandsbereiche im südlichen Ostseeraum, nahm die Ostsee vor rund 8000 Jahren in etwa ihre heutige Gestalt an. Über das genaue Alter dieser Überflutung gibt es widersprüchliche Meinungen. Die holozänen, marinen Ablagerungen führten zu der Entstehung einer Marsch. Die Profilmächtigkeit beträgt ca. 1 m, ist westexponiert und befindet sich unmittelbar an der Nordküste Dänemarks in einer Höhe von 79 m über dem Meeresspiegel. Die vermutlich durch glaziofluviatile Einflüsse geprägte Marsch liegt, auf Sanddünen gebettet, ebenerdig auf einer Endmoräne. Das Material ist nicht geschichtet. Besonders auffällig ist die Zungenbildung im E Horizont.

| Beprobte Horizontfolge (in cm) | Profil 4: Marsch, Hirtshals, Norddänemark |
|---|---|
| Ah (0-15) | Gras, durchwurzelt, skelettarm, lehmiger Sand |
| E (15-43) | Skelettarm, Einlagerungen (albeluvic tonguing), sandiger Lehm |
| Cg (43-80) | Keine Steine, sandiger Lehm |

Tab. 4: Profil 4: Horizontbezogene Kenndaten

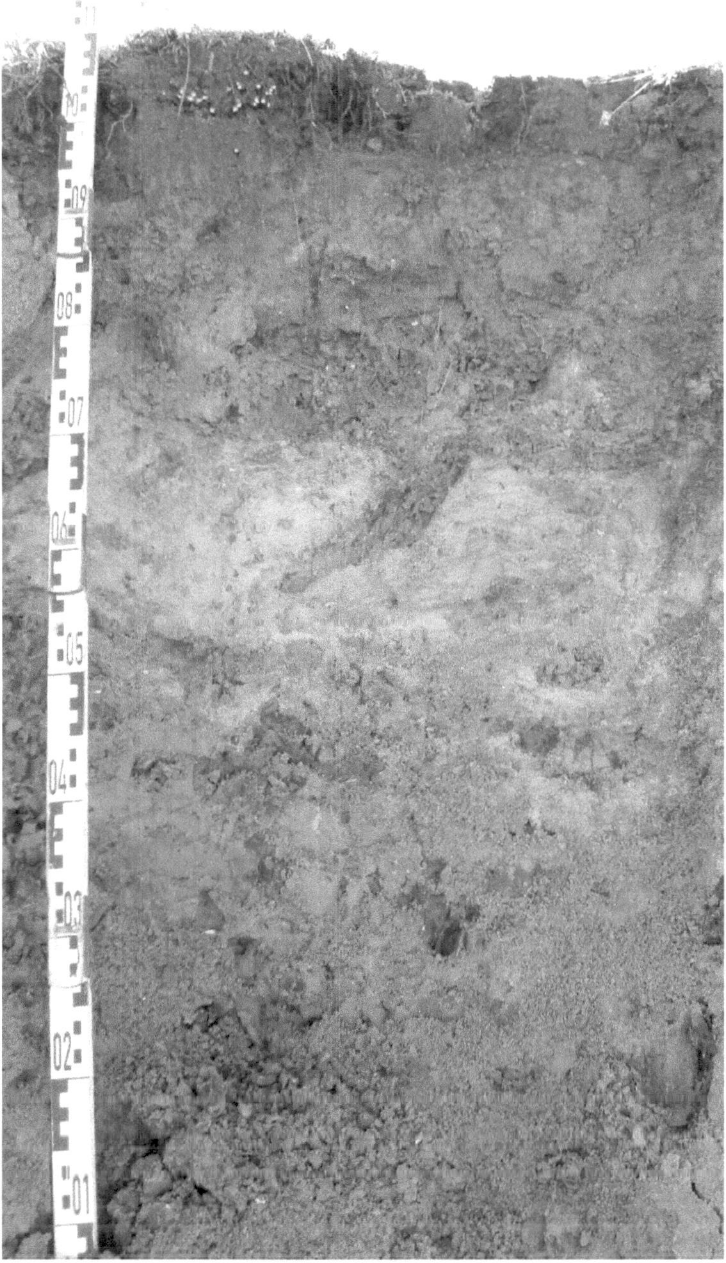

Abb. 7: Fluvisole auf einer Sanddüne, darüber Graslandschaft an der Küste Norddänemarks (Quelle: Eigene Aufnahme)

### 3.1.1 Bioklimatische Bedingungen

Der Wasserhaushalt spielt neben weiteren Indikatoren eine wichtige Rolle für die Entwicklung von Vegetation und Böden.

Profil 1 und 4 erhalten beide einen Jahresniederschlag von 750 mm. In einer vergleichbaren Studie von OLSEN (1987) in Südschweden (56°40'N 13°30'E) können die Niederschlagssummen bestätigt werden. Er ermittelte regionale Jahresniederschlagswerte von 725 mm. 60 % des Niederschlags fielen während der Vegetationsperiode. Die durchschnittliche Schneebedeckung betrug 65 Tage im Jahr.

Profil 3, am Südkapp gelegen, erfährt in etwa 1500 mm Niederschlag im Jahr. Die höchste Jahresniederschlagssumme mit 2500 mm wird am Sognefjord gemessen. GREEN & HARDING (1980) untersuchten dort die klimatischen Bedingungen in periglazialen Gebieten um den Jostedalsbreen. In einer Höhe von 400 m über dem Meeresspiegel im Untersuchungsgebiet (Profil 2) beträgt die Jahresniederschlagssumme 2250 mm (MELLOR 1987).

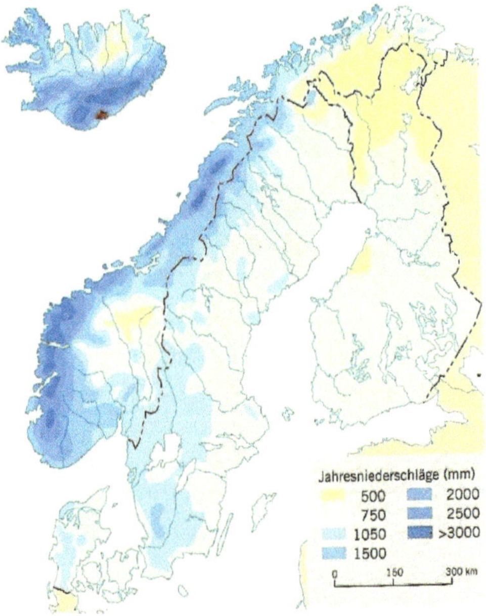


Abb. 8: Jahresniederschlagssummen nach GLÄßER (2003, S. 66)

Die Temperaturverläufe und Niederschlagssummen der nächstgelegenen Klimastationen in Bezug auf die Untersuchungsgebiete sind bereits in Punkt 1.3 dargestellt. Die mittlere Temperatur in den Untersuchungsgebieten liegt im Juli zwischen 16° und 18° C und im Januar um den Gefrierpunkt. OLSEN (1987) erwähnte eine durchschnittliche Temperatur 6.5° C im kältesten und von 16.5° C im wärmsten Monat.

Die Untersuchungsgebiete lassen sich laut VENZKE (1990) und GLÄßER (2003) in folgende Klimazonen und Naturräume gliedern:

Profil 1: Subozeanisch-temperate bis hemiboreale westschwedische und südnorwegische Küstenlandschaften mit präkambrischen Graniten und Gneisen, Festgesteinsoberflächen oder sandigen marinen Ablagerungen sowie meist podsoligen Böden und boreo-nemoralem immergrünen Nadelwald mit sommergrünem Laubwald.

Profil 2: Ozeanisch-temperate bis Ozeanisch-hemi- und südboreale westnorwegische Fjordlandschaften mit kaledonischen Metamorphiten und Intrusiva, Festgesteinsoberflächen, hoher Reliefenergie, stellenweise flachgründiger Moränenbedeckung sowie podsoligen Böden und besonderen klimatischen Gunstlagen in den inneren Fjordbereichen.

Profil 3: Subozeanisch-temperate bis hemiboreale westschwedische und südnorwegische Küstenlandschaften mit präkambrischen Graniten und Gneisen, Festgesteinsoberflächen oder sandigen marinen Ablagerungen sowie meist podsoligen Böden und boreo-nemoralem immergrünen Nadelwald mit sommergrünem Laubwald.

Profil 4: Subozeanisch-temperate, weichselzeitliche Grundmoränen- und holozäne, marin gestaltete Landschaften Nordjütlands mit podsoligen und gleyigen Böden

In dem ozeanisch getönten Verbreitungsgebiet der sommergrünen, thermophilen Wälder der nordeuropäischen Laubwaldzone herrscht eine über 200 Tage andauernde Vegetationsperiode. In der Übergangszone nach Norden dünnt das Laubbaumarteninventar zunehmend aus. Hainbuche, Rotbuche und Traubeneiche verschwinden zuerst. Dann folgen die Winterlinde, und der Spitzahorn (GLÄßER 2003).

Die Podsole (Profil 1) entwickelt sich unter einem Kiefernwald. Moos und eine Streuauflage bedecken den Boden.

In der Bodenschicht fällt die Anpassungsfähigkeit der Heidelbeere auf (Profil 2), die an die bodensauren Verhältnisse der Braunerde bestens angepasst ist. Den sekundären Mischwald kennzeichnet eine Nadelstreuauflage.

Der ausgebildete Ranker (Profil 3) ist vergesellschaftet mit einem Buchen-Kiefern Mischwald. Die Kiefer wurde dort im Zuge der Aufforstungsarbeiten im 18. Jahrhundert heimisch (DIERßEN 1996). Als bodennahe Vegetation konnte Efeu identifiziert werden. Auf dem Boden befindet sich eine Laubmoosschicht.

Die Vegetation im Untersuchungsgebiet (Profil 4) an der Küste Norddänemarks zeichnet sich durch eine Graslandschaft aus.

# 4. Ergebnisse der Laborarbeit

Die bereits im Feld durchgeführte Kalk-Analyse mit Salzsäure wies in keinem der nachfolgenden erläuterten Profile carbonatisches Material nach.

## 4.1. Profil 1: Halmstad (Schweden)

- Ergebnisse und Interpretation

| Tiefe [cm] | BS [%] | Chlorid [mg/L] | Leitfähigkeit [µS/cm2] | KAK [%] |
|---|---|---|---|---|
| Ah (0-7) | 16.3 | 62.0 | n.d.[3] | 84.35 |
| E (7-20) | 4.5 | 8.0 | 14.0 | 2.65 |
| Bh (>20) | 62.9 | 7.0 | 15.0 | 1.98 |

| Tiefe [cm] | N [%] | C [%] | C/N | pH | Munsell chart nass | Eisendithionit [%] | Eisenoxalat [%] | Oxalat/Dithionit |
|---|---|---|---|---|---|---|---|---|
| Ah (0-7) | 0.8 | 27.3 | 34.1 | 3.0 | 10YR6/1 | 0.0 | 0.1 | n.b.[4] |
| E (7-20) | 0.0 | 0.4 | n.b. | 3.3 | 7.5YR5/1 | 0.2 | 0.0 | 0.0 |
| Bh (>20) | 0.0 | 0.2 | n.b. | 3.7 | 10YR6/3 | 0.0 | 0.0 | n.b. |

Tab. 5: Bodenchemische Parameter in Profil 1

Die Podsole besitzt einen dunkelbraunen Ah-Horizont mit der Farbkennung 10YR6/1 (MUNSELL 1994). Der aschfarbene E-Horizont (syn. Ae) drückt sich in der Farbe 7.5YR5/1

[3] n.d. „nicht durchgeführt“
[4] n.b. steht in folgenden Tabellen für „nicht bestimmbar“, entweder vor mathematischen Hintergrund (dividiert durch 0) oder chemisch nicht erfassbaren Werten

aus. Daran schließt sich der durch Anreicherung von Humus gekennzeichnete hellbraune Bh-Horizont (10YR6/3).

Durch den Einfluss von Säureeinträgen beziehungsweise Baseneinträgen sowie durch Pufferreaktionen verändert sich die Austauscherbelegung der Böden. Messungen der pH-Wert-Veränderungen von Böden im Zeitverlauf der letzten Dekaden wurden in fast allen europäischen Ländern durchgeführt. BÉRDEN et al. (1987) trugen verschiedene Untersuchungen zur Veränderung der pH-Werte von Böden zusammen.

Dort finden sich für die Zeiträume von 10-30 Jahren die pH-Wert-Veränderungen von Oberböden aus Österreich, Schweden und Deutschland.

Die Ergebnisse der Analysen bestätigen die These. An drei von vier Standorten (Profil 1, 2, 3) wurden stark saure Werte nachgewiesen. In humiden Klimaten nimmt der pH-Wert im Laufe der Bodenentwicklung ab.

Zahlreiche Indizien belegen eine zunehmende Versauerung der Böden Mittel- und Nordeuropas. Erste Auswirkungen dieser Bodenversauerung wurden in Südskandinavien auf basenarmen Gesteinen, in der weiträumig ansteigenden Gewässerversauerung und dem Absterben von Fischpopulationen sichtbar (HAUHS & WRIGHT, 1990).

Alle Waldstandorte (Profil 1, 2, 3) weisen pH-Werte, kleiner pH4 auf. Generell können pH-Werte unterhalb von ca. pH3.5 nicht mehr durch Hydrolyse von Aluminium erklärt werden (SCHEFFER & SCHACHTSCHABEL 2002). Eher findet sich die Erklärung in den mächtigen, humusreichen Ah-Horizonten, da die austauschbaren $H^+$-Ionen der Fulvosäuren herangezogen werden. Die im nachfolgenden allgemein beschriebene Silicatpufferung führt zur Freisetzung von Nährstoffen und lässt bei einem pH-Wert unter pH5 phytotoxisches $Al^{3+}$ entstehen, indem Al-Ionen aus der O-Al-O Bindung herausgelöst werden. Bei der Protolyse primärer Silicate werden vorwiegend basische Metallkationen aus ihrer silicatischen Bindung freigesetzt (Silicatverwitterung). Durch die Bildung sekundärer Schichtsilicate wird der Verlust der Säurekapazität durch die Kationenaustauschkapazität ausgeglichen, indem die Metallkationen austauschbar gebunden werden (LOUGHNAN 1969).

Durch die ständige Zufuhr von $H^+$-Ionen nimmt die Säurekapazität langsam ab, und die Böden verlieren Metallkationen. Dies ist vermutlich der Grund für die niedrigen Eisenkonzentrationen in Profil 1. Bestätigt wird der Verlust der Säurekapazität durch den Aufbau der Basenkapazität, die mit der Profiltiefe zunimmt. Der hohe Chloridgehalt im Ah-Horizont lässt sich möglicherweise durch die unmittelbare Nähe zum Meer erklären. Durch den Land-See-

Wind wird das Salz durch die Luft transportiert und teilweise an der strandnahen Vegetation akkumuliert.
Infolge von humiden Klimabedingungen kommt es dort zu hohen Perkolationsraten. Die Streu der Koniferen und der Zwergstrauchvegetation sorgt für einen erhöhten Anteil an organischen Säuren, welche sich im Boden anreichern. Es herrschen äußerst geringe Streuabbauraten auf Grund von thermisch eingeschränkter bodenbiologischer Aktivität und relativ abbauresistentem Streumaterial.
Die Streuschicht dieser Waldböden, als Förna bezeichnet, wird stark ausgelaugt und nimmt eine saure Reaktion an. Die bei der Zersetzung gebildeten Humusstoffe sind nicht basenabgesättigt. Der langsame Abbau erfolgt durch Pilzmycelien, durch deren Hyphen eine verflochtene, kompakte Humusschicht entsteht, die sich vom mineralischen Unterboden abheben lässt und als Rohhumus (Trockentorf, Auflagehumus) bezeichnet wird. Viele Pilze stehen über Mykorrhizen mit den Koniferen in Symbiose. Bakterien als Destruenten werden im sauren Milieu der borealen Böden und durch verschiedene mycogene bakterizide Stoffe gehemmt.
Bei der Zersetzung dieser Humusschicht bilden sich keine Humussäuren, sondern Fulvosäuren, aus denen durch Polymerisation Humoligninsäuren entstehen, die im Wasser kolloidal löslich sind. Sie werden aus dem Humushorizont ausgewaschen und können die beim Tonzerfall entstehenden Sesquioxide ebenfalls in kolloidaler Lösung aus den oberen mineralischen Bodenhorizonten mit auswaschen, wie es in den chemischen Kenndaten von Profil 1 zu sehen ist, da der Anreichungshorizont der Sesquioxide fehlt (WALTER & BRECKLE 1986).

Durch ständigen Abbau und Neubildung erweist sich der Humus des Bodens als ein dynamisches System. Die Bildungsprozesse der Humusstoffe sind das Ergebnis der Gesamtwirkung verschiedener Faktoren. Jeder Boden besitzt ein begrenztes Anreicherungsvermögen an Humus. Ist diese Grenze erreicht, besteht bei gleicher Vegetation und bestimmten Standortfaktoren ein Gleichgewicht zwischen Anreicherung und Abbau, so dass sich ein charakteristischer Humusgehalt einstellt (SCHEFFER & SCHACHTSCHABEL 2002).

Ob das Gleichgewicht in den untersuchten Profilen erreicht worden ist, lässt sich aus dem Kohlenstoffgehalt nicht ableiten. Hierzu sind genaue Kenntnisse der jährlichen Zufuhr an organischer Substanz aus den oberirdischen Teilen der Pflanzen und den Wurzeln der Vegetationsdecke sowie ein Beobachtungszeitraum von vielen Jahren erforderlich. Der Ah-Horizont der Podsole weist sehr hohe Werte an organischer Substanz (27%) und Stickstoff (0.8 %) auf.

Neben dem Kohlenstoff wird der Stickstoff zur Kennzeichnung der organischen Substanz herangezogen, da dieser in den humosen Oberböden überwiegend in organischen Bindungen vorliegt. Die anorganische Bindung des Stickstoffs beschränkt sich auf die des fixierten $NH_4^+$. Diese Bindungsart kann in humusarmen Unterböden bei meist geringeren N-Gehalten prozentual höher sein als die organische Bindung.
Da im Rahmen dieser Arbeit die anorganische N-Bindung nicht bestimmt wurde, ist die Aussage vor allem bei der Beurteilung der Unterböden erschwert. Erwartungsgemäß sind die N-Werte in den Auflagehorizonten am höchsten (0.2-1.4 %). Die Waldstandorte zeigen eine starke Abnahme bis unter 0.1 % im Unterboden.

Unter der Humusschicht bildet sich somit ein Eluvialhorizont, in dem nur noch das beim Tonzerfall ebenfalls gebildete $SiO_2$ als weißliches Pulver verbleibt. In größerer Tiefe werden die kolloidalen Lösungen ausgefällt, sei es durch die Abnahme der $H^+$-Konzentration oder infolge des Wasserentzuges durch Baumwurzeln. Auf diese Weise entsteht ein Anreicherungshorizont oder illuvialer B-Horizont, der auf dem Profil entweder durch seine aufgrund von Humusstoffen dunkle Färbung (Humuspodsol) hervortritt (wie im untersuchten Boden) oder durch die rostrote Färbung (Eisenpodsol) (ZECH 2002).

Vereinfacht lässt sich sagen, dass das Auftreten bestimmter Körnungen mit der geologischen und klimatischen Vorgeschichte einer Landschaft und den davon beeinflussten geomorphologischen Formen zusammenhängt. Ein besonders breites Korngrößenspektrum weisen gebirgsnahe Standorte, aber auch Gebiete früherer Vereisungen auf. Die Podsole besteht im E- und Bh-Horizont aus Reinsand. Dies bedeutet eine sehr hohe Wasserdurchlässigkeit und eine damit einhergehende schnelle Auswaschung beziehungsweise Verlagerung. Der im Allgemeinen tonarme Boden zeigt die höchsten Werte im Ah-Horizont. Es findet sich sehr wenig schluffiges Material. Der quarzreiche Sand trägt zur Entwicklung der Podsole an diesem Standort bei, da sie sich vorwiegend auf unverfestigten Gesteinen ausbildet (ZECH 2002).

| Profil 1 | Ah In Massen- % | E In Massen- % | Bh in Massen -% |
|---|---|---|---|
| Ton (< 2 µm) | 9 | 2 | 3 |
| U (63-2 µm) | 36 | 2 | 0 |
| S (2000-63 µm) | 56 | 96 | 97 |

Tab. 6: Korngrößenverteilung der Podsole

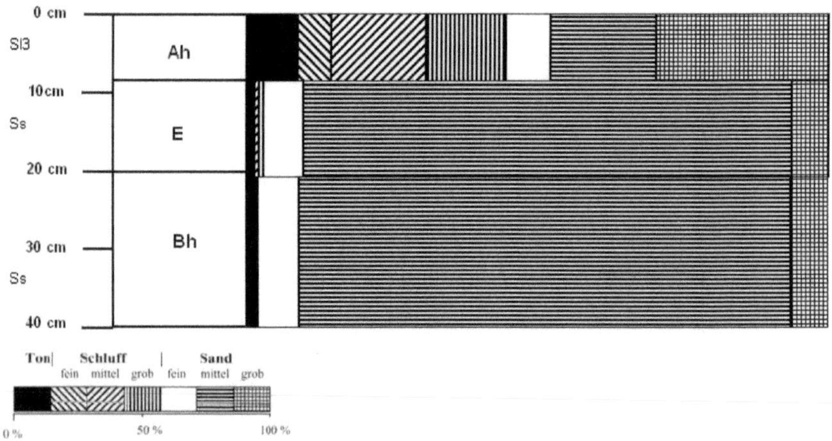


Abb. 9: Korngrößenverteilung[5] der Podsole

## 4.2 Profil 2: Sognefjord (Norwegen)

- Ergebnisse und Interpretation

Die Braunerde entstand im gemäßigten humiden Klima auf silicatischen Gestein, durch die Prozesse der Verbraunung und der Verlehmung. Die Horizontfolge ist Ah-Bv-C.

| Tiefe [cm] | BS [%] | Chlorid [mg/L] | Leitfähigkeit [µS/cm2] | KAK [%] |
|---|---|---|---|---|
| Ah (0-15) | 24.0 | 13.0 | 29.0 | 21.0 |
| Bv (oben: 15-30) | 8.0 | 4.0 | 18.0 | 12.0 |
| Bv (unten: 30-40) | 23.0 | 24.0 | 22.0 | 6.8 |

| Tiefe [cm] | N [%] | C [%] | C/N | pH | Munsell chart nass | Eisendithionit [%] | Eisen-oxalat | Oxalat/Dithionit |
|---|---|---|---|---|---|---|---|---|
| Ah (0-15) | 0.2 | 4.2 | 21.0 | 3.6 | 7.5YR2.5/3 | 0.4 | 0.5 | 1.3 |
| Bv (oben: 15-30) | 0.1 | 1.5 | 15.0 | 3.8 | 10YR3/6 | 0.4 | 0.5 | 1.3 |
| Bv (unten: 30-40) | 0.1 | 1.1 | 11.0 | 4.0 | 10YR3/4 | 0.4 | 0.4 | 1.0 |

Tab. 7: Bodenchemische Parameter in Profil 2

[5] S=Sand, U=Schluff, T=Ton; Definition nach AG BODEN (1996, S. 135-140)

Der humose Auflagehorizont der Braunerde kann nach MUNSELL (1994) mit der Farbkennung 7.5YR2.5/3 belegt werden. Der dunkelbraune Ah-Horizont zeigt mit einem pH-Wert von 3.6 seine stark sauren Eigenschaften. Im anschließenden hellbraunen Bv-Horizont steigt der Wert der $H^+$- und $H_3O^+$-Ionenkonzentration geringfügig mit zunehmender Tiefe, was als charakteristisches Merkmal für Braunerden gilt (KÜFMANN 2008). Der Bv-Horizont wird mit der Farbe 10YR3/6 beziehungsweise in einer Tiefe >30 cm mit 10YR3/4 gekennzeichnet. Braunerden entwickeln sich bei Basenreichtum weiter zu Parabraunerden und bei basenarmen Braunerden zu Podsolen.

Im Vergleich zur Podsole in Profil 1 fällt die organische Substanz im Ah-Horizont mit 4.2 % wesentlich geringer aus. Das enge C/N-Verhältnis ist untypisch unter Fichten und muss mit der Fichtennadelstreu und der gehemmten Zersetzung sowie infolge saurer Reaktion und zersetzungshemmender organischer Stoffe zusammenhängen. Diese ungewöhnlichen Verhältnisse können womöglich nur in engem Zusammenhang mit der Vegetationsgeschichte dieses Standortes geklärt werden.

Die mehr oder minder konstanten oxalat- und dithionitlöslichen Gehalte im Bv-Horizont bestätigte die Studie von BUSSEMER (2007), der Braunerden in subborealen Waldgebieten untersuchte. Braunerdenuntypisch ist die Konstanz der Eisenwerte über alle Horizonte, da die pedogenen Oxide eigentlich mit der Tiefe abnehmen. Anhand der Quotientbildung von Feo/Fed kann jedoch eine analytische Verlagerung nachgewiesen werden.
Nach KOHL (1958) ist das Verhältnis Ton/Fed bei der Lessivierung im Ah- und B-Horizont etwa gleich beziehungsweise in den B-Horizonten höher als in den Ah-Horizonten. Dagegen nehmen sie bei der Podsolierung im Bs-Horizont ab (VENZKE 1990). Die untersuchten Böden des Profils 1 und 2 zeigen diese Verhältnisse nicht; es ist viel mehr eine Konstanz der Fed-Werte über alle Horizonte der Braunerde festzustellen.

Auf den Feo-Gehalt des Bodens übt die organische Substanz einen wichtigen Einfluss aus. Einerseits wirkt sich die organische Substanz in basengesättigten Böden als pH-erniedrigend und dadurch kristallisationshemmend aus, andererseits ist sie auch fähig, Eisenkomplexe zu bilden. Es unterbleibt daher die Bildung wasserhaltiger Eisenoxide als Vorstufe kristalliner Verbindungen. Somit wird der Kristallisationsgrad eingeschränkt (SCHEFFER & SCHACHTSCHABEL 2002 nach SCHWERTMANN 1964).

MEYER & SAKR (1970) führen die höhere Oxalatlöslichkeit des Eisens in Lössbraunerden gegenüber sauren Braunerden auf Allophane zurück, die als Träger der Eisenoxidhüllen durch die Oxalatextraktion stark angegriffen werden, wodurch die Freilegung und Oberflächenvergrößerung der Eisenoxidträger begünstigt wird. Vergleicht man die hier untersuchte Braunerde mit der Studie von KÜFMANN (2008), die sich mit äolischen, alpinen Braunerden beschäftigt, kann im Hinblick auf Oxalatlöslichkeit des Eisens kein Unterschied festgestellt werden.

Bekanntlich geben Menge und Verteilung des Fed und Feo im Profil wertvolle Aufschlüsse über die pedochemischen Prozesse. Die Gehalte des Bodens an Feo charakterisieren die Verbraunung und Podsolierung, die Gehalte an Fed hingegen die Lessivierung. Bei der Verbraunung sinken die Gehalte an Fed und Feo innerhalb des Profils von oben nach unten, während das Maximum des Fed bei der Lessivierung im B-Horizont liegt. Bei der Podsolierung erreicht sowohl der Gehalt an Fed als auch der an Feo ein Maximum im Bs-Horizont (ZECH 2002 nach SCHLICHTING & BLUME 1962).

Das Minimum der Basensättigung und des Chloridgehalts im oberen Bv-Horizont klassifiziert den Verwitterungshorizont nach AG BODEN (1994) als basenarm.

Die Austauschkapazität stellt ein wichtiges Kriterium für die pysikalisch-chemischen Prozesse dar. Ihr Ausmaß wird von dem absoluten Gehalt sowie von der Zusammensetzung der organischen (Huminstoffe) und anorganischen Kolloide (wie zum Beispiel Tonminerale) bestimmt, was in sehr geringem Ausmaß auch für Kieselsäure, Aluminium- und Eisenhydroxide beziehungsweise deren Oxide gilt.

Die Kationenaustauschkapazität (KAK) nimmt mit der Tiefe hin ab. Als Vergleich können hier die Ergebnisse von BUSSEMER (2007) und KÜFMANN (2008) herangezogen werden, die eine Abnahme der KAK zur Tiefe hin in vielen Profilen von Braunerden bestätigen.

Die typischen bodenbildenden Prozesse der Braunerden entstehen im Laufe der chemischen Verwitterung von eisenhaltigen Primärmineralien (Olivin, Pyroxen). Aus den Kieselsäure- und Al-haltigen Fragmenten und Ionen können sich Tonminerale (Illite, Smectite) bilden, was zur Verlehmung führt. Bei der Tonanreicherung, werden durch die hohe Bodenfeuchtigkeit Silicate verwittert. Dabei bilden sich neue Tonminerale. Damit ist auch hier die hohe Al-Toxizität gegeben, welche das Pflanzenwachstum nachhaltig gefährdet.

Die Bestandteile der Tonfraktion (< 2 μm), vor allem Tonminerale und Eisenoxide, werden entlang von Makroporen mit dem Sickerwasser in den Unterboden verlagert. Voraussetzung für die Verlagerung der Tonfraktion ist die Dispergierung der Tonminerale. Da das Auftreten von mehrwertigen Kationen (Ca, Mg, Al) in der Bodenlösung zu einer Flockung der Tonminerale führt, ist die Tonverlagerung in der Regel nur in mäßig versauerten Böden nach vorangegangener Entkalkung und vor Einsetzung der Silicatverwitterung im pH-Bereich zwischen pH7-5.5 möglich. Zudem beeinträchtigen die hohen Chlorid-Werte im Oberboden die Tonverlagerung (SCHEFFER & SCHACHTSCHABEL 2002). Die gehemmte Tonverlagerung wird in der nachstehenden Abbildung der Korngrößenverteilung deutlich. Es darf über alle Horizonte hinweg von schluffigem Sand gesprochen werden. Das Minimum des Tongehalts spiegelt der Verwitterungshorizont (obere Bv-Horizont) wider, wobei der untere Bv-Horizont schon eine Tendenz zur Tonanlagerung zeigt.

| Profil 2 | Ah in Massen- % | $Bv_{oben}$ in Massen- % | $Bv_{unten}$ in Massen- % |
|---|---|---|---|
| Ton (<2 µm) | 6 | 4 | 6 |
| U (63-2 µm) | 32 | 29 | 29 |
| S (2000-63 µm) | 62 | 67 | 65 |

Tab. 8: Korngrößenverteilung der Sauerbraunerde

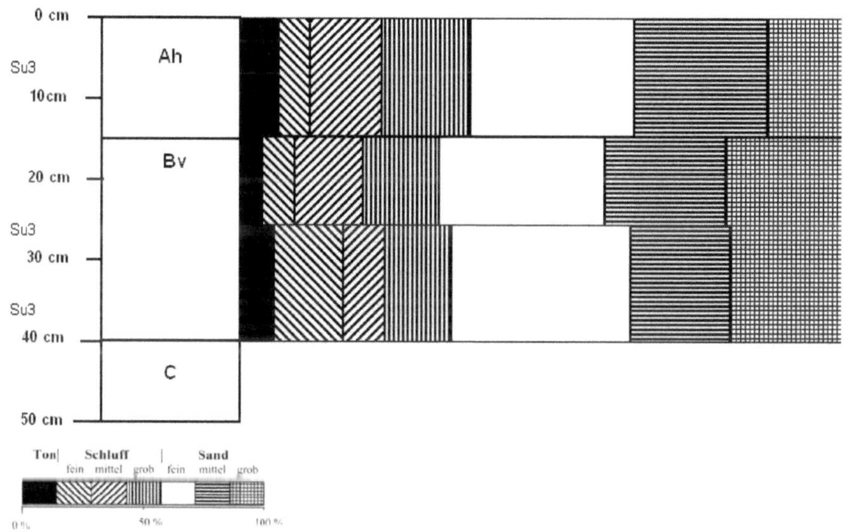


Abb. 10: Korngrößenverteilung[6] der Sauerbraunerde

[6] S=Sand, U=Schluff, T=Ton; Definition nach AG BODEN (1996, S. 135-140)

### 4.3 Profil 3: Südkapp (Norwegen)

- Ergebnisse und Interpretation

Der Sauerranker geht durch fortschreitende Humusakkumulation und Gesteinsverwitterung aus dem Syrosem hervor. Der flachgründige (< 40 cm Tiefe), skelettreiche Ranker entwickelte sich auf carbonatfreiem Festgestein. Deswegen sind auch die Nährstoffvorräte im durchwurzelbaren Raum niedrig. Die Horizontfolge ist Ah-Ah-Bv-C-R. Der Buchstabe R drückt dabei das anstehende Festgestein aus. C steht für ein zusammenhängendes, nicht grabbares Festgestein, das sich über dem R-Horizont befindet (ZECH 2002).

| Tiefe [cm] | BS [%] | Chlorid [mg/L] | Leitfähigkeit [µS/cm2] | KAK [%] |
|---|---|---|---|---|
| Ah (0-8) | 31.0 | 50.0 | 665.0 | 51.1 |
| Ah-Bv(8-30) | 8.0 | 26.0 | 40.0 | 9.8 |
| C (30-40) | 7.8 | 36.0 | 39.0 | 15.2 |

| Tiefe [cm] | N [%] | C [%] | C/N | pH | Munsell chart nass | Eisendithionit [%] | Eisenoxalat [%] | Oxalat/Dithionit |
|---|---|---|---|---|---|---|---|---|
| Ah (0-8) | 1.4 | 20.1 | 14.4 | 3.1 | 10YR6/2 | 0.2 | 0.1 | 0.5 |
| Ah-Bv(8-30) | 0.2 | 2.0 | 10.0 | 2.8 | 10YR2/1 | 0.5 | 0.3 | 0.6 |
| C (30-40) | 0.1 | 1.1 | 11.0 | 3.0 | 10YR2/2 | 0.3 | 0.4 | 1.3 |

Tab. 9: Bodenchemische Parameter Profil 3

Der dunkelbraune Ah-Horizont (10YR6/2) besitzt 20 % organische Substanz und 1.4 % Stickstoff. Darunter schließt sich der übergangslose Ah-Bv-Horizont (10YR2/1) an. Im nahezu gleichen Ton zeigt sich der C-Horizont (10YR2/2) in ca. 30 cm Tiefe. ZECH (2002) beschreibt ein gleich bleibendes C/N-Verhältnis für den Ranker. Doch die Parameter dieses Bodens zeigen eine stetige Abnahme zur Tiefe hin. Sowohl der Kohlenstoff als auch der Stickstoff nehmen stark ab.

Der im Allgemeinen stark saure Boden erreicht im Ah-Bv-Horizont mit einem pH-Wert von 2.8 sein Minimum. Im anschließenden C-Horizont ist der Wert pH3.0 nur geringfügig höher. Die Kationenaustauschkapazität liegt im Unterboden zwischen 10-15 cmol (+) pro Kilogramm Feinerde und ist damit im Normalbereich, verglichen mit den in der verwendeten Literatur dargestellten Daten (KÜFMANN 2008, ZECH 2002, SCHEFFER & SCHACHTSCHABEL 2002).

Wie bereits erwähnt, wird der größte Teil des Eisens aus den Mineralen bei der Verwitterung in Fe(III)-Oxiden gebunden und nicht, wie beim Aluminium, in Tonmineralen. Das aus der silicatischen Bindung freigesetzte $Fe^{3+}$ hydrolysiert schon am Ort der Verwitterung, wodurch der Boden seine braune oder rote Färbung erhält. Außerdem ist das Verhältnis von oxidischem Eisen zu Gesamteisen ein Maß für die Verwitterung. Bei jungen Böden aus pleistozänen Sedimenten liegt es zwischen 0.2 und 0.3 (SCHEFFER & SCHACHTSCHABEL 2002).

MÜLLER (1987) untersuchte die Bodenbildung auf Silicatunterlage in der alpinen Stufe des Oberengadins (Zentralalpen, Schweiz). Das nachstehende Diagramm zeigt die Ergebnisse für das Feo/Fed-Verhältnis eines alpinen Rankers.

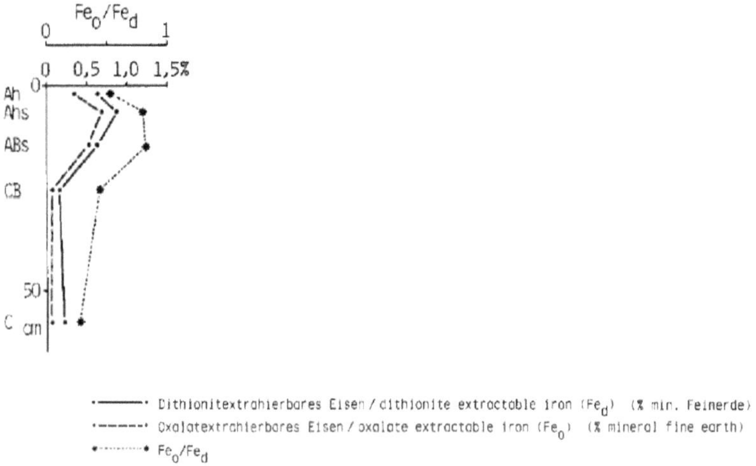


Abb. 11: Feo/Fed-Verhältnis eines alpinen Ranker auf Silicatgestein des Oberengadins nach MÜLLER (1987, S. 426)

Während das Maximum des Feo/Fed-Verhältnisses beim subalpinen Ranker im A-Bs-Horizont mit 1.3 % und damit um 0.7 % höher als im skandinavischen Ranker (Ah-Bv-Horizont) liegt, befindet sich der Peak der untersuchten Leptosole im C-Horizont mit 1.3 %. SCHWERTMANN (1964) sowie BLUME & SCHWERTMANN (1969) führen die Maxima im B-Horizont auf den hohen Gehalt organischer Substanz zurück, welche das Eisen komplex bindet und damit eine Kristallisation von Eisenoxiden verhindert.

Das Maximum des Fed-Gehaltes zeichnet sich im Ah-Bv-Horizont ab, was offenbar für eine erhöhte Lessivierung spricht, die von oben (Ah) nach unten (Ah-Bv) zunimmt, einhergehend damit die Feo-Werte. Im C-Horizont verkleinert sich der Fed-Gehalt. Entgegengesetzt steigt der Feo-Wert im C-Horizont weiter an. Das Verhältnis von Feo zu Fed steigt mit der Tiefenfunktion an, was relativ ungewöhnlich ist, da es im Regelfall entweder konstant bleibt oder sinkt.

Die Verteilung der Korngrößen innerhalb eines Profils gibt wertvolle Hinweise auf bodengenetische Prozesse, sofern nicht unterschiedliche geologische Substrate oder horizontale Verlagerungsvorgänge im Bereich des Solums die pedogenetischen Prozesse überprägen.

| Profil 3 | Ah<br>in Massen- % | Ah-Bv<br>in Massen- % | C<br>in Massen- % |
|---|---|---|---|
| Ton (<2 µm) | 3 | 5 | 6 |
| U (63-2 µm) | 19 | 22 | 10 |
| S (2000-63 µm) | 78 | 73 | 84 |

Tab. 10: Korngrößenverteilung des Rankers

Der Auflagehorizont besteht zu etwa 80 % aus Sand, nur 3 % Ton sind vorzufinden. Mit zunehmender Tiefe steigt der Tongehalt jedoch an. Im Ah-Bv-Horizont nimmt der Sandgehalt zugunsten der Ton- und Schlufffraktion geringfügig ab, um im anschließenden C-Horizont auf 84 % anzusteigen. Der Grobschluff nimmt im Übergang zum C-Horizont verhältnismäßig stark ab.

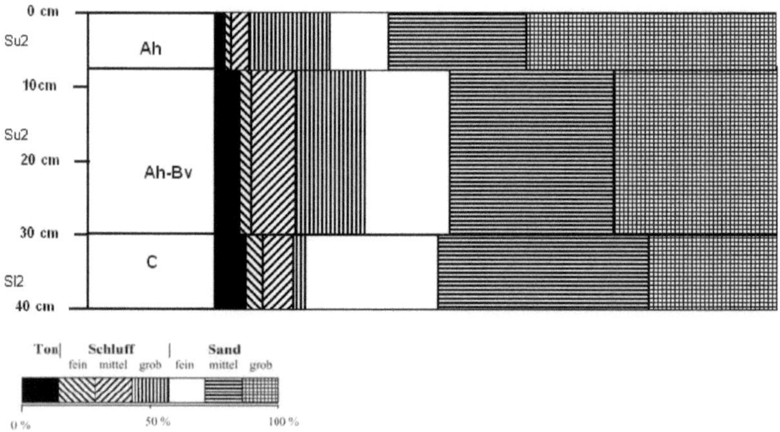


Abb. 12: Korngrößenverteilung[7] des Rankers

[7] S=Sand, U=Schluff, T=Ton; Definition nach AG BODEN (1996, S. 135-140)

## 4.4 Profil 4: Hirtshals (Dänemark)

- Ergebnisse und Interpretation

Der untersuchte Boden weist die Hauptmerkmale eines Fluvisols auf. Die Bezeichnung Marschen, die im FAO-, WRB- und US-System keine gesonderte Gruppe darstellen, trifft am ehesten zu. Die Flachlandschaft im Bereich des Meeresspiegels entwickelte sich aus Schlick, einem carbonat- und sulfidhaltigen, feinkörnigen Sediment. Auffällig ist der helle E-Horizont ca. 15 cm unter der Geländeoberkante des Bodenprofils. Eine Verzahnung mit dem Ah-Horizont lässt Merkmale einer Fahlerdenentwicklung erkennen. Die bodenchemischen Parameter der Marsch unterstreichen diese Entwicklungstendenz.

| Tiefe [cm] | BS [%] | Chlorid [mg/L] | Leitfähigkeit [µS/cm2] | KAK [%] |
|---|---|---|---|---|
| Ah (0-15) | 55.5 | 37.0 | 131.0 | 8.2 |
| E (15-43) | 78.3 | 44.0 | 167.0 | 16.2 |
| Cg (43-80) | 83.6 | 46.0 | 137.0 | 42.7 |

| Tiefe [cm] | N [%] | C [%] | C/N | pH | Munsell chart nass | Eisendithionit [%] | Eisenoxalat [%] | Oxalat/Dithionit |
|---|---|---|---|---|---|---|---|---|
| Ah (0-15) | 0.2 | 1.8 | 9.0 | 6.4 | 2.5YR3/1 | 0.1 | 0.1 | 1.0 |
| E (15-43) | 0.1 | 0.8 | 8.0 | 6.6 | 2.5YR4/1 | 0.3 | 0.3 | 1.0 |
| Cg (43-80) | 0.0 | 0.3 | n.b. | 6.5 | 2.5YR5/2 | 0.1 | 0.2 | 2.0 |

Tab. 11 : Bodenchemische Parameter Profil 4

Der dunkelbraun gefärbte Ah-Horizont (2.5YR3/1) besitzt im Vergleich zu den Waldstandorten nur einen geringen Anteil an organischer Substanz (1.8 %). Charakteristisch für die organische Substanz in Fluvisolen ist laut ZECH (2002), dass sie aus einer ablagerungsbedingten Schichtung marinen Materials besteht und unregelmäßig mit der Tiefe abnimmt. SCHEFFER & SCHACHTSCHABEL (2002) weisen für Marschen Werte zwischen 1-5 % aus.

Bei Anwesenheit von organischer Substanz findet in dem marinen Schlick Normwatt eine mikrobielle Reduktion von Sulfaten des Meerwassers und von Eisenoxiden statt, wobei vor allem die Eisensulfide, die den Schlicken dunkle Färbung verleihen, gebildet werden. Mit dem Heranwachsen der Watt-Sedimente erfolgt der Übergang zur Salz-Rohmarsch. Unter diesen semiterrestrischen Bedingungen wird das Eisensulfid mit Luftsauerstoff unter Mitwirkung von Mikroben oxidiert. Diese Belüftung intensiviert den Abbau der organischen Substanz und erreicht im E-Horizont (2.5YR4/1), der sich durch seine hellere Färbung kennzeichnen lässt, einen Wert von 0.8 %. Dabei zeigt die aus dem Ah-Horizont hineinreichende Verzahnung eine dunkelgraue Färbung und besteht aus sehr tonigem Schlick. Am Rand dieser Verzahnung sind rotgefärbte Flecken zu erkennen, die von eingelagertem Eisen stammen. Im Cg-Horizont (2.5YR5/2) liegt der Gehalt der organischen Substanz bei 0.3 %. Sowohl die Basensättigung als auch die Kationenaustauschkapazität steigen mit zunehmender Tiefe bei einem relativ konstanten pH-Wert im nahezu neutralen Bereich.

Diese ungewöhnlichen Ergebnisse erschweren eine schlüssige Interpretation. Eine Ursache könnte die Tonmineralneubildung im Übergang vom Ah- zum E-Horizont sein, was in Marschen zwar eher selten der Fall ist, aber doch vorkommt. Der Übergang zum anschließenden Cg-Horizont verläuft unscharf. Die inhomogene Gefügestruktur mit ihren schlickhaltigen Einschlüssen, die mit der Tiefe immer dunkler werden, ist auf methanogene Prozesse und die Entstehung von FeS zurückzuführen. In sulfatsauren Böden finden starke Tonzerstörung und Al-Auswaschung statt (SCHEFFER & SCHACHTSCHABEL 2002).

Leider wurde weder auf Aluminium- noch auf Sulfatgehalte getestet, was eine eindeutige Identifizierung der Bodensystematik eventuell erleichtert hätte. Die Gehalte des Eisens finden im E-Horizont ihr gering ausgeprägtes Maximum, wobei das Verhältnis Feo/Fed mit der Tiefe zunimmt.

Die hohen Chloridgehalte lassen sich durch die Exposition des Bodens erklären. Sie sollten aber in Anbetracht der möglichen Fehlerquelle, die durch die Anwesenheit von Sulfidverbindungen entsteht und den Chloridmesswert verfälscht, vorsichtig gedeutet werden. Die nachstehende Tabelle stellt die Korngrößenfraktionen der Marsch dar.

| Profil 4 | Ah in Massen-% | E in Massen-% | Cg in Massen-% |
|---|---|---|---|
| Ton (<2 µm) | 2 | 25 | 22 |
| U (63-2 µm) | 14 | 21 | 23 |
| S (2000-63 µm) | 84 | 54 | 55 |

Tab. 12: Korngrößenverteilung der Marsch

Im Ah-Horizont dominiert der Mittel- und Feinsand, während sich im Übergang zum E-Horizont eine Schluffanreichung bemerkbar macht, die mit der drastischen Abnahme des Feinsands einhergeht und letztlich eine deutliche Verlehmung zeigt. Es folgt eine laterale Tonverlagerung im Cg-Horizont und eine Zunahme des Feinsandanteils.

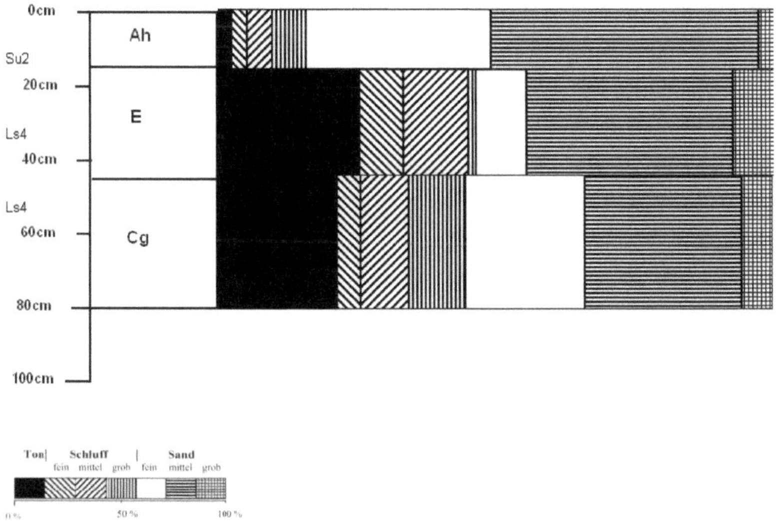


Abb. 13: Korngrößenverteilung[8] der Marsch

[8] S=Sand, U=Schluff, T=Ton; Definition nach AG BODEN (1996, S. 135-140)

## 5. Diskussion und Bewertung

Alle Böden sind stark sauer mit Ausnahme der Marsch. Vor dem Hintergrund saurer atmosphärischer Depositionen, die aus Luftverunreinigungen herrühren, hat das Pufferungsvermögen der Böden eine große Bedeutung erlangt. Gegenüber dem Intensitätsparameter pH-Wert, der nur über Konzentrationen, nicht aber über Mengen Auskunft gibt, muss dem Kapazitätsparameter Säureneutralisationskapazität (SNK) erhöhte Aufmerksamkeit geschenkt werden. Die Größe der SNK wird von den im Boden vorhandenen Puffersubstanzen bestimmt. Die Stabilität eines Bodens hinsichtlich der Zufuhr von Säure hängt von der Menge und Art der vorhandenen Puffersubstanzen ab. Puffersubstanzen im Boden sind (SCHWERTMANN & SÜSSER 1987):

| **Puffersubstanz (Ausgangssubstanz)** | **pH ($H_2O$)-Bereich** | **Reaktionsprodukt geringerer SNK** (bodenchemische Ver-änderung) |
|---|---|---|
| **Carbonat-Pufferbereich:** $CaCO_3$ | 8,6 - 6,2 | $Ca(HCO_3)_2$ in Lösung (Ca- und Basenauswaschung) |
| **Silikat-Pufferbereich:** primäre Silikate | ganze pH-Skala (vorherrschende Pufferreaktion in carbonatfreien Böden pH > 5) | Tonminerale (Vergrößerung der KAK) |
| **Austauscher-Pufferbereich:** Tonminerale | 5 - 4,5 | nicht austauschbare n $[Al(OH)_x^{(3-x)+}]$ (Blockierung permanenter Ladung, Reduktion der Kationenaustauschkapazität |
| Mn-Oxide | 5 - 4,2 | austauschbares $Mn^{2+}$ (Reduktion der Basensättigung) |
| Tonminerale | 5 - 4,5 | austauschbares $Al^{3+}$ (Reduktion der Basensättigung) |
| $n[Al(OH)_x^{(3-x)+}]$ | 5 - 4,2 | Al-Hydroxosulfate (Akkumulation von Säure bei Belastung mit $H_2SO_4$) |
| **Al-Pufferbereich:** Zwischenschichtaluminium Aluminiumhydroxosulfate | < 4,2 | $Al^{3+}$ in Lösung (Al-Auswaschung, Reduktion der permanenten Ladung) |
| **Al/Fe-Pufferbereich:** wie Al-Pufferbereich, ferner: "Boden-$Fe(OH)_3$" | < 3,8 | organische Fe-Komplexe (Fe-Verlagerung, Bleichung) |
| **Eisen-Pufferbereich:** Ferrihydrit | < 3,2 | $Fe^{3+}$, Fe-Verlagerung, Bleichung, Tonzerstörung |

Abb. 14: Puffersubstanzen im Boden nach SCHWERTMANN & SÜSSER (1987, S. 186)

Der Mineralbestand wird hauptsächlich von Quarz dominiert. Es bilden sich daher meist sandige Böden, die auch im Austauscher- und Al-Pufferbereich nur eine geringe Gesamtpufferkapazität und geringe Vorräte an leicht reaktiven Puffersubstanzen aufweisen und daher insbesondere bei hohen anthropogenen Säureeinträgen sehr schnell bis in den Eisenpufferbereich versauern können.
Für die Waldstandorte kann als eine der Ursachen, die bevorzugte Kationenentnahme durch die Pflanzen genannt werden die auf lange Sicht zu einer Bodenversauerung führt. Bei Wiederaufforstungen wurden häufig bevorzugt Fichten und Kiefern angebaut. Sie fördern in mehrfacher Hinsicht die Bodenversauerung. Die ganzjährige Benadelung und größere Kronenoberfläche führt im Vergleich zu Laubbäumen zu einem höheren atmogenen Säureeintrag in Folge der höheren Interzeptionsdeposition. Der Kationenexport pro Zeiteinheit ist bei der Fichte wegen der besseren Wuchsleistung gegenüber Laubbäumen erhöht, und die schwerere Zersetzbarkeit der Fichtenstreu fördert die Auflagehumusakkumulation und somit die Bildung und Auswaschung von organischen Anionen (Podsolierung). Durch das flache Wurzelwachstum der Fichte wird die Auswaschung von Nährstoffen erleichtert (VENZKE 1990).

Durch die rücksichtslose Nutzung wurde der Bodenzustand durch Podsolierung und Nährstoffverarmung dramatisch verschlechtert und dadurch der bevorzugte Anbau der Pionierbaumarten Kiefer und Fichte zusätzlich gefördert.
Infolge der meist niedrigen Tongehalte (< 9 % für die Waldstandorte, < 25 % für die Marsch) ist die Kationenaustauschkapazität hauptsächlich vom Humusgehalt abhängig. Sie beträgt im Ah-Horizont 8 bis 84 cmol (+)/kg Feinerde und fällt mit der Tiefe.

Vergleicht man die Standorte untereinander, kann als Ursache für den hohen Gehalt an organischer Substanz der Bodenprofile 1 bis 3 folgende Ursache aufgeführt werden:

- Die schwache Mineralisierung, die auf die geringe biologische Tätigkeit zurückzuführen ist. Diese ist die Folge von niedrigem pH-Wert, hohen Niederschlägen (saurer Regen) und der toxischen Wirkung des in hoher Konzentration vorhandenen Fe und Al. In derart sauren Böden haben nur noch Pilze größere Bedeutung. Die tiefsten Werte zeigte Ranker mit einem pH-Wert von 2.8. In solch saurem Mileau ist mit einer Tonmineralstörung zu rechnen.

Der sehr große Unterschied im C-Gehalt zwischen dem Mineralboden (maximal 1.1 %) und der Auflage (maximal 27.3%), weite C/N-Verhältnisse und eine sehr starke Abnahme des C-Gehalts mit der Tiefe zeugen von geringer biologischer Aktivität.
Die Marsch zeigt ebenfalls eine Abnahme des Kohlenstoffs mit der Tiefe, allerdings in niedrigeren Konzentrationen als die Profile 1 bis 3. Das Gleiche gilt für den Stickstoff, der im Ah-Horizont 0.2 % beträgt und bereits im C-Horizont nicht mehr nachzuweisen war.

„Für die Beurteilung des Stoffkreislaufes im Ökosystem des Waldes genügt die Kenntnis des potentiellen Nachlieferungsvermögens des Bodens an mineralischem Stickstoff nicht, sondern man muss die tatsächliche Nachlieferung sowohl an $NH_4^+$-Stickstoff wie auch an $NO_3^-$ Stickstoff kennen" (WALTER & BRECKLE 1986, S. 91 nach ELLENBERG 1964). Die höchsten ermittelten Werte für den Gesamt-Stickstoff im Boden betragen im Ah-Horizont des Sauerrankers 1.4 % und nehmen mit der Tiefenfunktion ab. In den Profilen 1 und 4 ist im Unterboden bereits kein Gesamt-Stickstoff mehr enthalten, was für eine rasche Auswaschung spricht. Die Sauerbraunerde weist ein sehr schluffiges Material auf, das den Stickstoff (0.1 %) im Unterboden zurückhält. Dennoch ist dieser Stickstoff für die Pflanzen nicht oder nur teilweise verfügbar, da die Anlagerung in den Mikroporen erfolgt.

Als Ursache für die Chlorideinträge der vier Standorte kann gelten:

- Die atmosphärenbürtigen Chlorideinträge, die wegen der Lage des Untersuchungsraumes zur ohnehin salzarmen Ostsee und zum Botnischen Meerbusen mit Chloridwerten bis zu 42 mg/L geringer ausfallen als am Sognefjord (< 62 mg/L), zeigen standortspezifische, kleinklimatische Unterschiede. Das Südkapp erreicht Werte von 50 mg/L. Je nach Sickerwasseranfall im Jahr wird die Vegetation mehr aufbrauchen oder aus dem Boden ausgewaschen. SCHEFFER & SCHACHTSCHABEL (2002) betonen eine gehemmte Tonverlagerung bei hohen Chloridgehalten.

Die geringe Basensättigung (< 24 %) der sauren Braunerde zeigt eine Entwicklungtendenz zur Podsole. Es erfolgte eine Basenauswaschung und eine Anreicherung von Eisenoxid. Die untersuchte Podsole hingegen erreicht das Minimum der BS (4.5 %) im E-Horizont, um im darunterliegenden Bh-Horizont auf ein Maximum von 63 % anzusteigen. Die Ursache hierfür ist die im Bh-Horizont stattfindende Humusakkumulation. Die mit der Tiefenfunktion steigenden BS-Werte der Marsch (< 84%) zeigen nach weitgehender Austrocknung einen fahlerdenähnlichen Charakter. Den Ranker kennzeichnet eine mit der Tiefe steigende Verlehmung, während die Braunerde relativ konstante Tongehalte aufweist. Am auffälligsten ist jedoch die hohe Tonanreichung der Marsch. Eine Ursache ist der leicht saure bis nahezu neutrale pH-Wert des Bodens. Unter dieser Vorraussetzung ist eine erhöhte Tonmineralneubildung möglich. Der Marschboden zeigt Eigenschaften einer Fahlerde auf Grund von

- Verlagerung basisch wirkender Kationen und von Ton
- Oberhalb des verdichteten Cg-Horizont staut sich das Wasser. Das führt zu einer Mobilisierung von Eisen. Dadurch bleicht der Oberboden, eine so genannte Nassbleichung setzt ein.
- Von einer allzu häufigen Abwechslung von Austrocknung und Vernässung kann nicht ausgegangen werden, da keine Tonmineralzerstörung und starke Versauerung nachzuweisen war, die durch den regelmäßigen Wechsel von Oxidations- und Reduktionsvorgänge eintritt.
- Im Gegensatz zur typischen Podsolierung tritt in den Albeluvisolen keine Anreichung von organischer Substanz und von Sesquioxiden im Unterboden auf. Dies kann durch den an organischer Substanz verarmten Cg-Horizont für den Marschboden bestätigt werden.
- Kennzeichnung für Albeluvisole ist das zungenförmige Eindringen des gebleichten Eluvialhorizonts in den darunter liegenden B-Horizont, wobei die Zungen eine grobkörnige Textur des Eluvialhorizonts aufweisen (ZECH 2002). Ähnliches kann auch an dem untersuchten Boden festgestellt werden. Allerdings handelt es sich um tonige, schlickige Einlagerungen über alle Horizonte im Unterboden hinweg mit einer auffälligen Zungenbildung im Bleichhorizont. Es ist zu vermuten, dass methanogenetische Reaktionen für diese Einlagerung verantwortlich sind.

Die elektrische Leitfähigkeit beträgt im Ah-Horizont des Sauerrankers 665 $\mu S/cm^2$. Der ungewöhnlich hohe Wert kann nicht durch den hohen Chloridgehalt (50 mg/L) erklärt werden. Eine mögliche Ursache könnte eine erhöhte Bereitstellung an löslichen Ionen organischer Säuren bei sehr sauren pH-Werten sein. Es folgt eine rapide Abnahme der elektrischen Leitfähigkeit mit der Tiefe auf einen Wert von 39 $\mu S/cm^2$ im C-Horizont. Die Sauerbraunerde zeigt auch eine Abnahme der Leitfähigkeit mit der Tiefenfunktion - im Gegensatz zu Profil 1 und 4, die relativ konstante Werte aufweisen.

Die größten Perkolationsraten im Vergleich der Waldstandorte sind aufgrund der hohen Niederschlagssummen am Sognefjord zu erwarten. Doch um wissenschaftlich fundierte Aussagen darüber treffen zu können, wie viel Wasser tatsächlich einsickert, sind weitere Untersuchungen vonnöten. Weitere wichtige Größen hierfür sind zum Beispiel:

- Evapotranspiration
- Interzeption
- Gebietsniederschlag
- Globalstrahlung
- Porenvolumen

Als unerlässlich anzusehen sind:

- Der nachhaltige Schutz der natürlichen Bodenfunktionen, wie die Sicherung als Lebensgrundlage für Menschen, Tiere, Pflanzen und Bodenorganismen (BBodSchG § 2 (2) 1a).
- Die natürliche Funktion als Bestandteil des Naturhaushalts, insbesondere mit seinen Wasser und Nährstoffkreisläufen (BBodSchG § 2 (2) 1b).
- Die natürliche Funktion als Abbau-, Ausgleichs- und Aufbaumedium für stoffliche Einwirkungen auf Grund der Filter-, Puffer- und Stoffumwandlungseigenschaften insbesondere auch zum Schutz des Grundwassers (BBodSchG § 2 (2) 1c).

Es muss eine Abstimmung zwischen Nutzungsansprüchen und Bodenfunktionen gefunden werden. Insbesondere die Filter-, Puffer- und Stoffumwandlungseigenschaften der untersuchten Böden spielen hier eine große Rolle. Die Belastung durch Gewässerversauerung steigt stetig. Grund dafür sind zum einen die sauren Niederschläge, und zum anderen die während der Schneeschmelze schlagartig freigesetzten Schadstoffe. Um flächendeckenden und länderübergreifenden Bodenschutz zu betreiben, ist eine Bewertung des Zustands von Böden anhand von klein- und mittelmaßstäbigen Kartierungen nötig.

## 6. Zusammenfassung

In küstennahen Gebieten Skandinaviens wurden vier Bodenproben, drei davon unter Waldstandorten und eine unter einer Graslandschaft, untersucht. Ausgangsmaterial der Waldstandorte ist Schutt von Graniten und basenarmen Gneisen. Auf dem grobkörnigen, skelettreichen Ausgangsmaterial entwickelten sich saure, sandige, flachgründige, zur Podsolierung neigende Böden. Die Anwesenheit von organischem Material führt zur Humusakkumulation und durch eine Verlagerung des Humus zum Abbau im Boden. Sowohl in organisch- als auch in anorganisch-gebundener Form verlagert sich das Material zusammen mit Eisen und Aluminium. Hohe Humusauflagen und die Streu des Nadelwaldes kennzeichnen somit die gehemmte chemische Verwitterung und Tonmineralneubildung.

Durch kleinklimatische Gunstlagen entwickelte sich im nördlichsten Untersuchungsgebiet eine Sauerbraunerde auf Geschiebedecksand. Der untersuchte Marschboden bildete sich auf marinen Sedimenten. Die jungen Böden entstanden im Pleistozän. Das ozeanisch geprägte nemo-boreale bis süd-boreale Klima weist hohe Jahresniederschlagssummen, vor allem an der Westküste Norwegens, auf. Die starke Versauerung der Böden unter Nadel- beziehungsweise Mischwald hat großen Einfluss auf die Bodenpufferfunktionen, was zu einer Änderung der natürlichen Bodenfunktionen führt. Die daraus resultierenden ökologischen Probleme sind bereits bekannt, da die Gebiete der nördlichen Borealis davon noch stärker betroffen sind, als die südlicheren Subzonen (BÉRDEN et al. 1987, HAUHS & WRIGHT 1990, VENZKE 1990).

# 7. Anhang

## 7.1 Bodenprofile und Kenndaten

Profilkenndaten: Profil 1

| Profil 1: | N56°42.510` E12°41.717` |
|---|---|
| Klasse: | Podzole |
| Bodentyp: | Humus-Podsole |
| Höhe/Neigung/Exposition: | 8m/20%/S |
| Vegetationsgesellschaft: | Moos,Streu, Kiefernwald |
| Profilmächtigkeit: | 40cm |
| Horizontfolge: | Ah/E/Bh |

| Tiefe [cm] | BS [%] | Chlorid [mg/L] | Leitfähigkeit [µS/cm2] | KAK [%] |
|---|---|---|---|---|
| Ah (0-7) | 16.3 | 62.0 | n.d. | 84.35 |
| E (7-20) | 4.5 | 8.0 | 14.0 | 2.65 |
| Bh (>20) | 62.9 | 7.0 | 15.0 | 1.98 |

| Tiefe [cm] | N [%] | C [%] | C/N | pH | Munsell chart nass | Eisendithionit [%] | Eisenoxalat [%] | Oxalat/Dithionit |
|---|---|---|---|---|---|---|---|---|
| Ah (0-7) | 0.8 | 27.3 | 34.1 | 3.0 | 10YR6/1 | 0.0 | 0.1 | n.b. |
| E (7-20) | 0.0 | 0.4 | n.b. | 3.3 | 7.5YR5/1 | 0.2 | 0.0 | 0.0 |
| Bh (>20) | 0.0 | 0.2 | n.b. | 3.7 | 10YR6/3 | 0.0 | 0.0 | n.b. |

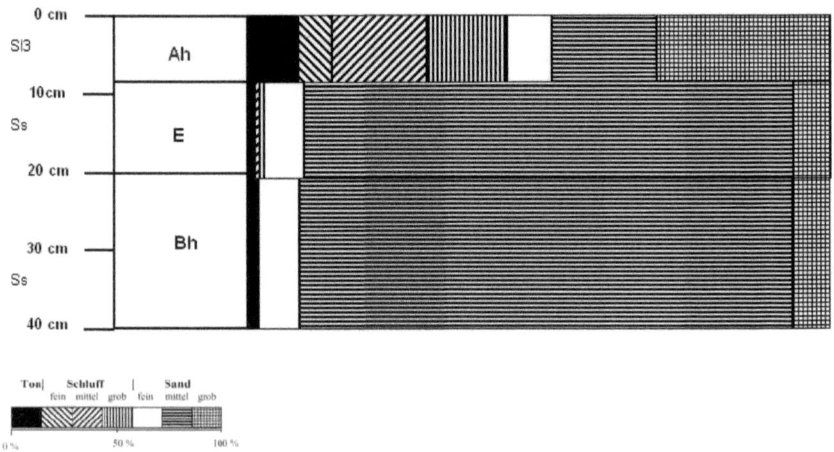

Profilkenndaten: Profil 2

| Profil 2: | N61°13.431` E7°6.219` |
|---|---|
| Klasse: | Braunerde |
| Bodentyp: | Braunerde |
| Höhe/Neigung/Exposition: | 33m/10%/E |
| Vegetationsgesellschaft: | Steu, Laub-Nadelwald |
| Profilmächtigkeit: | 40cm |
| Horizontfolge: | Ah/Bv/C |

| Tiefe [cm] | BS [%] | Chlorid [mg/L] | Leitfähigkeit [µS/cm2] | KAK [%] |
|---|---|---|---|---|
| Ah (0-15) | 24.0 | 13.0 | 29.0 | 21.0 |
| Bv (oben: 15-30) | 8.0 | 4.0 | 18.0 | 12.0 |
| Bv (unten: 30-40) | 23.0 | 24.0 | 22.0 | 6.8 |

| Tiefe [cm] | N [%] | C [%] | C/N | pH | Munsell chart nass | Eisendithionit [%] | Eisen-oxalat | Oxalat/Dithionit |
|---|---|---|---|---|---|---|---|---|
| Ah (0-15) | 0.2 | 4.2 | 21.0 | 3.6 | 7.5YR2.5/3 | 0.4 | 0.5 | 1.3 |
| Bv (oben: 15-30) | 0.1 | 1.5 | 15.0 | 3.8 | 10YR3/6 | 0.4 | 0.5 | 1.3 |
| Bv (unten: 30-40) | 0.1 | 1.1 | 11.0 | 4.0 | 10YR3/4 | 0.4 | 0.4 | 1.0 |

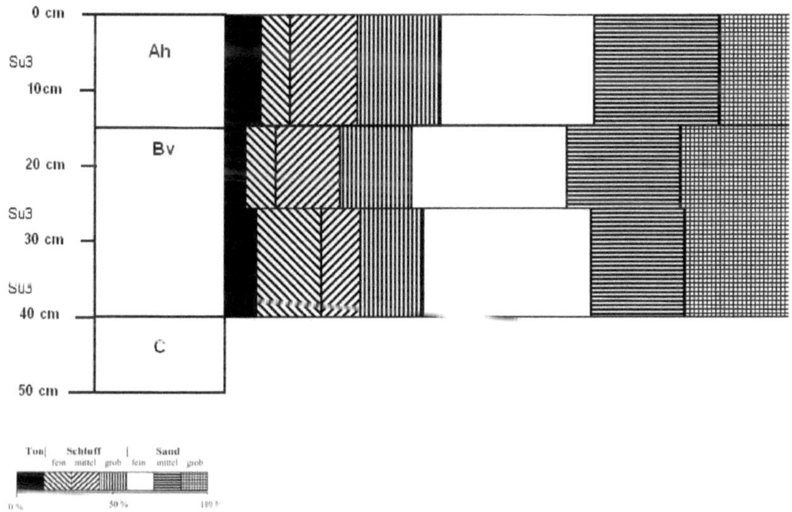

Profilkenndaten: Profil 3

| Profil 3: | N57°59.138` E7°2.0933` |
|---|---|
| Klasse: | Leptosols |
| Bodentyp: | Ranker |
| Höhe/Neigung/Exposition: | 19m/25%/SW |
| Vegetationsgesellschaft: | Mischwald, Gräser, Streu |
| Profilmächtigkeit: | 40cm |
| Horizontfolge: | Ah/Ah-Bv/C |

| Tiefe [cm] | BS [%] | Chlorid [mg/L] | Leitfähigkeit [µS/cm2] | KAK [%] |
|---|---|---|---|---|
| Ah (0-8) | 31.0 | 50.0 | 665.0 | 51.1 |
| Ah-Bv(8-30) | 8.0 | 26.0 | 40.0 | 9.8 |
| C (30-40) | 7.8 | 36.0 | 39.0 | 15.2 |

| Tiefe [cm] | N [%] | C [%] | C/N | pH | Munsell chart nass | Eisendithionit [%] | Eisenoxalat [%] | Oxalat/Dithionit |
|---|---|---|---|---|---|---|---|---|
| Ah (0-8) | 1.4 | 20.1 | 14.4 | 3.1 | 10YR6/2 | 0.2 | 0.1 | 0.5 |
| Ah-Bv(8-30) | 0.2 | 2.0 | 10.0 | 2.8 | 10YR2/1 | 0.5 | 0.3 | 0.6 |
| C (30-40) | 0.1 | 1.1 | 11.0 | 3.0 | 10YR2/2 | 0.3 | 0.4 | 1.3 |

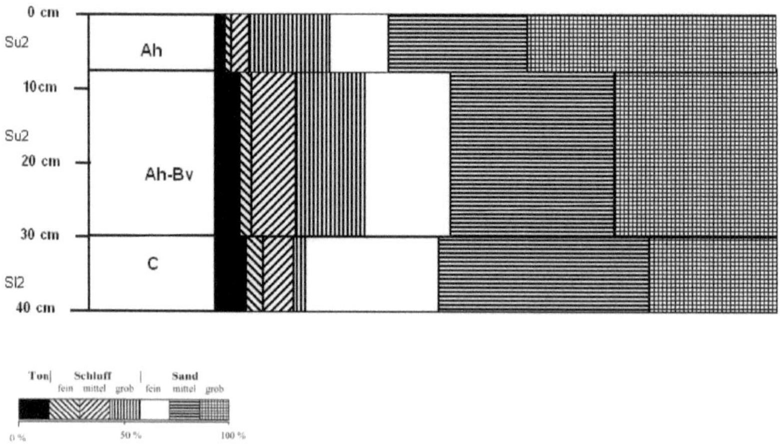

Profilkenndaten: Profil 4

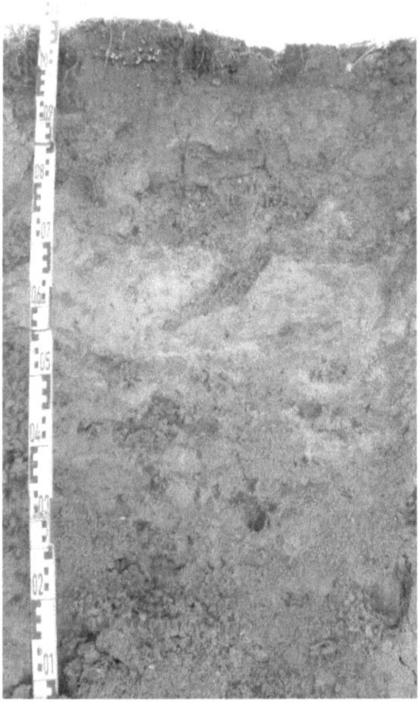

| Profil 4: | N57°35.259` E9°56.623` |
|---|---|
| Klasse: | Fluvisols |
| Bodentyp: | Albeluvisols-Fluvisols |
| Höhe/Neigung/Exposition: | 79m/0%/W |
| Vegetationsgesellschaft: | Gräser |
| Profilmächtigkeit: | 100cm |
| Horizontfolge: | Ah/E/Cg |

| Tiefe [cm] | BS [%] | Chlorid [mg/L] | Leitfähigkeit [µS/cm2] | KAK [%] |
|---|---|---|---|---|
| Ah (0-15) | 55.5 | 37.0 | 131.0 | 8.2 |
| E (15-43) | 78.3 | 44.0 | 167.0 | 16.2 |
| Cg (43-80) | 83.6 | 46.0 | 137.0 | 42.7 |

| Tiefe [cm] | N [%] | C [%] | C/N | pH | Munsell chart nass | Eisendithionit [%] | Eisenoxalat [%] | Oxalat/Dithionit |
|---|---|---|---|---|---|---|---|---|
| Ah (0-15) | 0.2 | 1.8 | 9.0 | 6.4 | 2.5YR3/1 | 0.1 | 0.1 | 1.0 |
| E (15-43) | 0.1 | 0.8 | 8.0 | 6.6 | 2.5YR4/1 | 0.3 | 0.3 | 1.0 |
| Cg (43-80) | 0.0 | 0.3 | n.b. | 6.5 | 2.5YR5/2 | 0.1 | 0.2 | 2.0 |

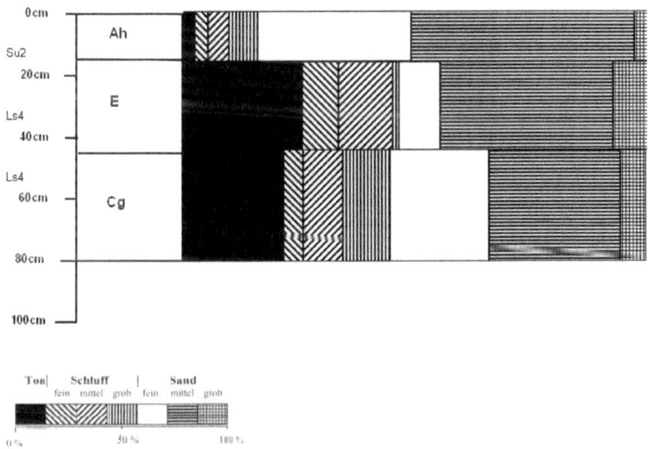

## 7.2 Bodenkarten von Schweden und Norwegen

Abb. 15: Ausschnitt der Bodenkarte von Schweden im Maßstab von 1:1000000 (1979)

Abb. 16: Legende zur Bodenkarte von Schweden

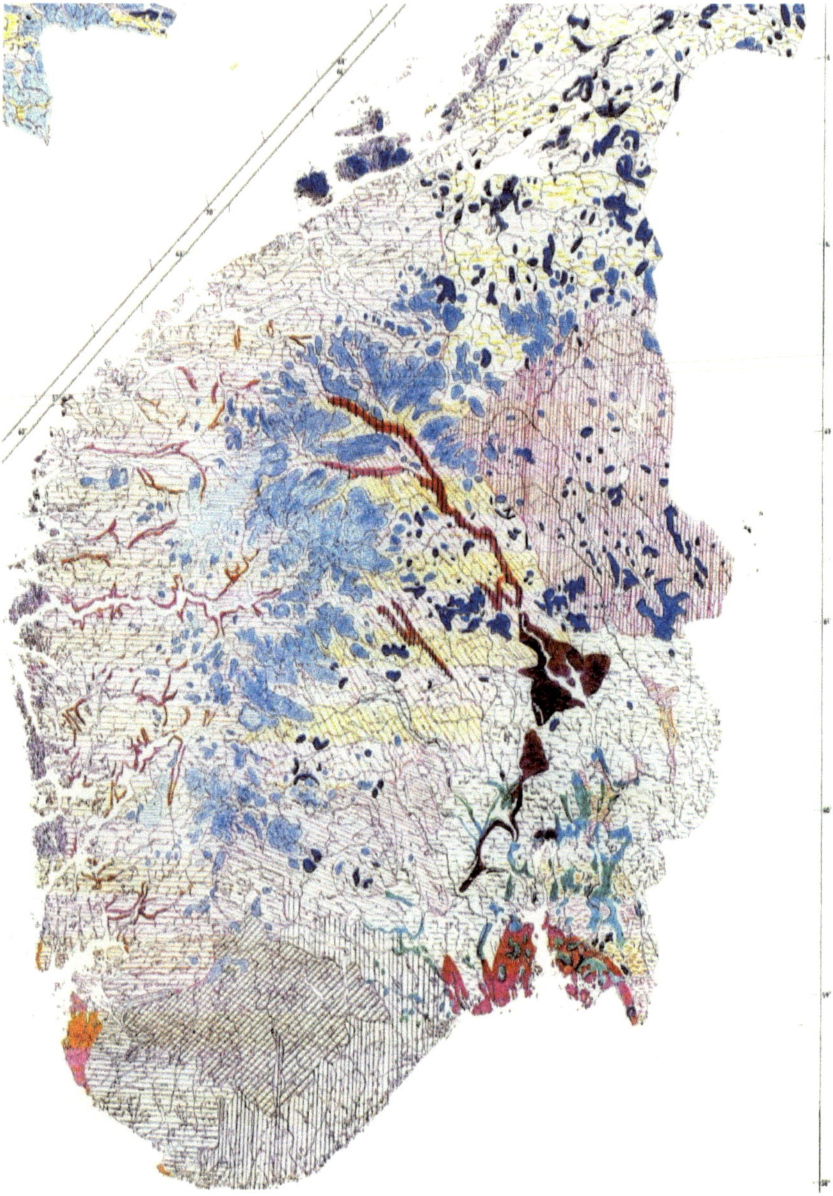

Abb. 17: Ausschnitt der Bodenkarte von Norwegen im Maßstab von 1:2000000 (1979)

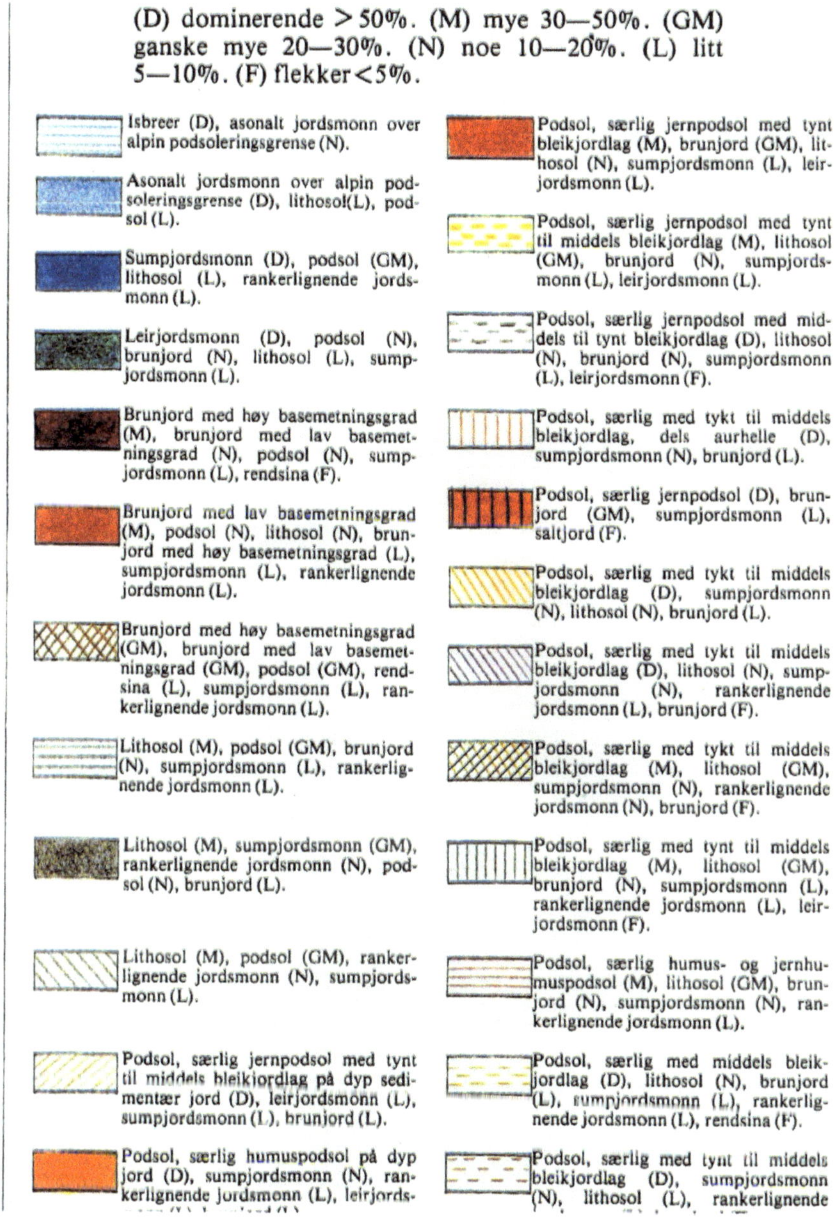

(D) dominerende > 50%. (M) mye 30—50%. (GM) ganske mye 20—30%. (N) noe 10—20%. (L) litt 5—10%. (F) flekker < 5%.

Isbreer (D), asonalt jordsmonn over alpin podsoleringsgrense (N).

Asonalt jordsmonn over alpin podsoleringsgrense (D), lithosol(L), podsol (L).

Sumpjordsmonn (D), podsol (GM), lithosol (L), rankerlignende jordsmonn (L).

Leirjordsmonn (D), podsol (N), brunjord (N), lithosol (L), sumpjordsmonn (L).

Brunjord med høy basemetningsgrad (M), brunjord med lav basemetningsgrad (N), podsol (N), sumpjordsmonn (L), rendsina (F).

Brunjord med lav basemetningsgrad (M), podsol (N), lithosol (N), brunjord med høy basemetningsgrad (L), sumpjordsmonn (L), rankerlignende jordsmonn (L).

Brunjord med høy basemetningsgrad (GM), brunjord med lav basemetningsgrad (GM), podsol (GM), rendsina (L), sumpjordsmonn (L), rankerlignende jordsmonn (L).

Lithosol (M), podsol (GM), brunjord (N), sumpjordsmonn (L), rankerlignende jordsmonn (L).

Lithosol (M), sumpjordsmonn (GM), rankerlignende jordsmonn (N), podsol (N), brunjord (L).

Lithosol (M), podsol (GM), rankerlignende jordsmonn (N), sumpjordsmonn (L).

Podsol, særlig jernpodsol med tynt til middels bleikjordlag på dyp sedimentær jord (D), leirjordsmonn (L), sumpjordsmonn (L), brunjord (L).

Podsol, særlig humuspodsol på dyp jord (D), sumpjordsmonn (N), rankerlignende jordsmonn (L), leirjords-

Podsol, særlig jernpodsol med tynt bleikjordlag (M), brunjord (GM), lithosol (N), sumpjordsmonn (L), leirjordsmonn (L).

Podsol, særlig jernpodsol med tynt til middels bleikjordlag (M), lithosol (GM), brunjord (N), sumpjordsmonn (L), leirjordsmonn (L).

Podsol, særlig jernpodsol med middels til tynt bleikjordlag (D), lithosol (N), brunjord (N), sumpjordsmonn (L), leirjordsmonn (F).

Podsol, særlig med tykt til middels bleikjordlag, dels aurhelle (D), sumpjordsmonn (N), brunjord (L).

Podsol, særlig jernpodsol (D), brunjord (GM), sumpjordsmonn (L), saltjord (F).

Podsol, særlig med tykt til middels bleikjordlag (D), sumpjordsmonn (N), lithosol (N), brunjord (L).

Podsol, særlig med tykt til middels bleikjordlag (D), lithosol (N), sumpjordsmonn (N), rankerlignende jordsmonn (L), brunjord (F).

Podsol, særlig med tykt til middels bleikjordlag (M), lithosol (GM), sumpjordsmonn (N), rankerlignende jordsmonn (N), brunjord (F).

Podsol, særlig med tynt til middels bleikjordlag (M), lithosol (GM), brunjord (N), sumpjordsmonn (L), rankerlignende jordsmonn (L), leirjordsmonn (F).

Podsol, særlig humus- og jernhumuspodsol (M), lithosol (GM), brunjord (N), sumpjordsmonn (N), rankerlignende jordsmonn (L).

Podsol, særlig med middels bleikjordlag (D), lithosol (N), brunjord (L), sumpjordsmonn (L), rankerlignende jordsmonn (L), rendsina (F).

Podsol, særlig med tynt til middels bleikjordlag (D), sumpjordsmonn (N), lithosol (L), rankerlignende

Abb. 18: Legende zur Bodenkarte von Norwegen

## 8. Literaturverzeichnis


AG BODEN (1994): Bodenkundliche Kartieranleitung. Hannover

ANDERSEN, B. G. (1980): Deglaciation of Norway after 10000 B.P. Boreas, 9, 211-216

BARSCH, H., BILLWITZ, K. & SCHOLZ, E. (1984): Labormethoden in der Physischen Geographie. Gotha

BÉRDEN, M., NILSSON, S.I., ROSÉN K. & G. TYLER, (1987): Soil acidification - extent, causes and consequences, National Swedish Environment Protection Board 3292, S.161.

BUSSEMER, S. (2007): Braunerden in subborealen und borealen Waldlandschaften. In: Münchener Geographische Abhandlungen (Reihe A). Band 58

DAHL, E. (1975): Flora and plant sociology in Fennoscandian tundra areas. In: Fennoscandian tundra ecosystems. Part I, plants and microorganisms. 62-67, Springer Verlag, Berlin

DIERßEN, K. (1996): Vegetation Nordeuropas, UTB Ulmer, Stuttgart (Hohenheim)

ELLIS, S. & MATTHEWS, J. A. (1984): Pedogenic implications of a $^{14}C$-dated palaeopodzolic soil at Haugabreen, southern Norway. Arctic and Alpine Research, 16, 77-91

GREEN, F. H. W. & HARDING, R. J. (1980): The altitudinal gradients of air temperature in southern Norway. Geografiska Annaler. 62 A, 29-36

HAUHS, M. & WRIGHT, R. F. (1990): Acid deposition: Reversibility of soil and water acidification - a review -, Air Pollution Research Report 11, S.37

HENDL, M. & LIEDTKE, H. (1997): Lehrbuch der Allgemeinen Physischen Geographie. Gotha, Darmstadt

KUBIENA, W.L. (1953): Bestimmungsbuch und Systematik der Böden Europas. Stuttgart

KÜFMANN, C. (2008): Flugstaubeintrag und Bodenbildung im Karst der Nördlichen Kalkalpen. In: Forschungsbericht 54. Nationalpark Berchtesgaden

LOUGHNAN, F. C. (1969): Chemical weathering of the silicate minerals. American Elsevier Publishing Company, Inc. New York

MELLOR, A. (1987): Soil chronosequences on Neoglacial moraine ridges, Jostedalsbreen and Jotunheimen, southern Norway. A quantitative pedogenic approach. Catena vol. 14, 369-381

METHEWS, J. A. (1982): Soil data and glacier variations; a replay to Wibjorn Karlen. Geografiska Annaler 64A, 15-20

MEYER, B. und SAKR, R. (1970): Menge, Sitz und Verteilung der extrahierbaren Fe-, Al-, $SiO_2$ und Humusanteile und ihr Einfluss auf die Austausch-Eigenschaften von typischen sauren Lockerbraunerden. Göttinger bodenkundliche Berichte 14, 234-243

MUNSELL SOIL COLOR CHARTS (1994): Revised Edition. New Windsor

MÜLLER, M. (1987): Bodenbildung auf Silikatunterlage in der alpinen Stufe des Oberengadins. Catena vol. 14, 419-437

OLSEN, M. & MELKERUND, P.-A. (1987): Chemical and Mineralogical Changes During Genesis of a Podzol from Till in Southern Sweden. Geoderma, 45 (1989) 267-287

SCHEFFER, F. & SCHACHTSCHABEL, P. (2002): Lehrbuch der Bodenkunde. Spektrum Akademischer Verlag Heidelberg, Berlin

SCHLICHTING, E. & BLUME, H.-P. (1966): Bodenkundliches Praktikum. Hamburg/Berlin

SCHLICHTING, E., BLUME, H.-P. & STAHR, K. (1995): Bodenkundliches Praktikum. Berlin/Wien

SCHWERTMANN, U. (1959): Die fraktionierte Extraktion der freien Eisenoxide in Böden, ihre mineralogischen Formen und Entstehungsweisen. In: Zeitschrift für Pflanzenernährung, Düngung und Bodenkunde. H. 84, S. 194-204. Weinheim

SCHWERTMANN, U. SÜSSER, P. L. (1987): Protonenpuffersubstanzen in Böden. Z. Pflanzenernähr. Bodenk. 150, S.174 178

SEMMEL, A. (1985): Periglazialmorphologie. Wissenschaftliche Buchgesellschaft, Darmstadt

VENZKE, J. (1990): Beiträge zur Geoökologie der borealen Landschaftszone - Geländeklimatologische und pedologische Studien in Nord-Schweden. Hrsg. Henkel, G. et. al., Essener Geographische Arbeiten 21. Schöningh, Paderborn

WALTER, H. & BRECKLE, S. (1986): Ökologie der Erde – Spezielle Ökologie der Gemäßigten und Arktischen Zonen Euro-Nordasiens. UTB, Stuttgart

WRB (1998): World Reference Base for Soil Resources. In: World Soil Resources Report. Vol. 84. Rom

ZECH, W. (2002): Böden der Welt. – Ein Bildatlas. Spektrum Akademischer Verlag GmbH, Heidlberg

## 8.1 Abbildungsverzeichnis

## 8.2 Tabellenverzeichnis